“十四五”时期国家重点图书出版规划项目

图文中国古代科学技术史系列 · 少年版
丛书主编：戴念祖　白　欣

从刀耕火种开始的古代农业

李　洁　田　勇　刘树勇◎著

河北出版传媒集团
河北科学技术出版社
·石家庄·

图书在版编目（C I P）数据

从刀耕火种开始的古代农业 / 李洁，田勇，刘树勇著. -- 石家庄 : 河北科学技术出版社，2023.12
（图文中国古代科学技术史系列 / 戴念祖，白欣主编. 少年版）
ISBN 978-7-5717-1365-2

Ⅰ. ①从… Ⅱ. ①李… ②田… ③刘… Ⅲ. ①农业技术—中国—古代—青少年读物 Ⅳ. ① S-092.2

中国国家版本馆 CIP 数据核字 (2023) 第 060341 号

从刀耕火种开始的古代农业
Cong Daogeng Huozhong Kaishi De Gudai Nongye
李　洁　田　勇　刘树勇 / 著

选题策划　赵锁学　胡占杰
责任编辑　胡占杰
特约编辑　杨丽英
责任校对　张　健
美术编辑　张　帆
封面设计　马玉敏
出版发行　河北出版传媒集团　河北科学技术出版社
地　　址　石家庄市友谊北大街 330 号（邮编 050061）
印　　刷　文畅阁印刷有限公司
开　　本　710mm × 1000mm　1/16
印　　张　11
字　　数　172 千字
版　　次　2023 年 12 月第 1 次印刷
印　　次　2023 年 12 月第 1 次印刷
书　　号　ISBN 978-7-5717-1365-2
定　　价　39.00 元

序

党的二十大报告明确提出“增强中华文明传播力影响力，坚守中华文化立场，讲好中国故事、传播好中国声音，展现可信、可爱、可敬的中国形象，推动中华文化更好走向世界”。

漫长的中国古代社会在发展过程中孕育了无数灿烂的科学、技术和文化成果，为人类发展做出了卓越贡献。中国古代科技发展史是世界文明史的重要组成部分，以其独一无二的相对连续性呈现出顽强的生命力，早已作为人类文化的精华蕴藏在浩瀚的典籍和各种工程技术之中。

中国古代在天文历法、数学、物理、化学、农学、医药、地理、建筑、水利、机械、纺织等众多科技领域取得了举世瞩目的成就。资料显示，16 世纪以前世界上最重要的 300 项发明和发现中，中国占 173 项，远远超过同时代的欧洲。

中国古代科学技术之所以能长期领先世界，与中国古代历史密切相关。

中国古代时期的秦汉、隋唐、宋元等都是当时世界上最强盛的王朝，国家统一，疆域辽阔，综合国力居当时世界领先地位；长期以来统一的多民族国家使得各民族间经济文化交流持续不断，古代农业、手工业和商业的繁荣为科技文化的发展提供了必要条件；中国古代历朝历代均十分重视教育和人才的培养；中华民族勤劳、智慧和富于创新精神等，这些均为中国古代科学技术继承和发展创造了条件。

每一种文明都延续着一个国家和民族的精神血脉，既需要薪火相传、代代守护，更需要与时俱进、勇于创新。少年朋友正处于世界观、人生观、价值观形成的关键期，少年时期受到的启迪和教育，对一生都有着至关重要的影响。习近平总书记多次强调，要加强历史研究成果的传播，尤其提到，要教育引导广大干部群众特别是青少年认识中华文明起源和发展的历史脉络，认识中华文明取得的灿烂成就，认识中华文明对人类文明的重大贡献。

河北科学技术出版社多年来十分重视科技文化的建设，一直大力支持科技文化书籍的出版。这套“图文中国古代科学技术史·少年版”丛书以通俗易懂的语言、大量珍贵的图片为少年朋友介绍了我国古代灿烂的科技文化。通过这套丛书，少年朋友可以系统、深入地了解中国古代科学技术取得的伟大成就，增长科技知识，培养科学精神，传播科学思想，增强民族自信心和民族自豪感。这套丛书必将助力少年朋友成为能担重任的国家栋梁之材，更加坚定他们实现民族伟大复兴奋勇争先的决心。

戴念祖

2023 年 8 月

前　言

在世界经济的发展中，农业无疑占据着重要的地位。自古以来，农作物的栽培和收获保证着人类的食物供给，是人类社会发展的基础。中国是一个幅员辽阔的国家，有着悠久的科技文化发展历史。由于地理条件比较复杂，所驯育的各种动物和作物是多样的，特别是中国古代桑蚕养殖业的发展使古代中国文化的发展具有别样的色彩。在这本书中，作者以粮、棉、桑蚕的种植和养殖为主线，辅以中国古代园艺技术的发展，为少年朋友展示了古代中国璀璨的农业文明。

中国古代农桑文化的发展，已有几千年的历史了。远古的祖先很好奇，也很难想象，“蚕宝宝”的吐丝牵引出来，就形成绢丝了。这些也造就了许多带有神话色彩的传说！这些很传奇的传说故事会引领少年朋友们走进远古时代，领略华夏民族悠久的农业发展史。吸取古人的智慧，提高少年朋友们的科学素养正是本书的期望所在。

编　者

2023 年 6 月

目 录

一、真正的先农

在旧石器时代，人们靠采集野生植物和捕捉野生动物作为食物的来源，并使采集和渔猎的活动持续下来。但是，由于人口日益增加，也使野生食物的资源显得匮乏，甚至使人们常常要忍饥挨饿。

神农的传说

相传，神农氏发明原始农具耒（lěi）和耜（sì），教导百姓根据天时地利来种植。神农氏通过尝百草的滋味以开发农作物（甚至还有最初的药物）资源，尝水源的甘苦以确定是否适宜人畜的饮用。从今天的民族学研究来看，像生活在云南边地的景颇人已能够区分采集植物的可食用部分，并曾流传着把食物种类区分为块根、茎叶和果子，竹笋、蘑菇和虫子等几个大类。远古时期产生的社会分工，由妇女们从事采集工作，负责将可食的植物种子和块根采集回来供全氏族成员享用。

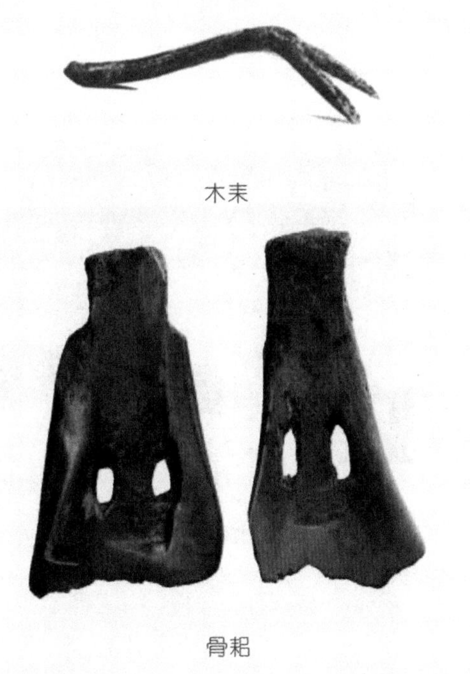
木耒

骨耜

吃不完的种子和块根就堆放在地上，时间长了，有些种子和块根居然发芽了，并像野生植物一样，能结出新的种子和长成新的块根。一些聪明的妇女受到启发，就搞起种植来，这使人类逐渐进入农耕时代。这时的妇女是田里的“主力”，景颇人的女儿出嫁时一般要带一个“礼篮”，篮中放置的种子和长刀都与种植有关，景颇人是离不开农业生产的。

古华夏部族

在新石器时代晚期，古华夏部族的农耕事业已比较发达。相传，它发祥于陕西、甘肃间的渭河的古支流姜水流域，原住民是西羌人。后来，西羌人向中原扩展，与中原当地的土著人融合成凝聚力很强的华夏部族集团，创造了农牧兴旺的仰韶文化（前 5000—前 3000）。它对华夏国家的缔造和华夏农牧业的发展都建立了不朽的功业。它周边的诸部族也都发展起来一定规模的农牧业，而且早在前仰韶时代，不少部族的农牧业都已达到相当的水平了。

仰韶文化博物馆

半坡遗址（仰韶文化中唯一一个保存完好的遗址）

还有，古代圣人伏羲氏太昊和共工氏都生活在前仰韶时代，共工氏崛起于伏羲氏之后、神农氏之前，祖居河南辉县市一带。当时那里的环境是“七水三陆”，处在古代黄河泛滥的区域，所以共工氏部族以水为图腾。他们非常重视水利，农耕也较为发达，很可能是创造磁山—裴李岗文化（前6300—前5100）的部族之一。其中的一个子部族叫“后土”，善于治水治土，而被后世尊奉为土地之神——社神，与黄帝同列中央之神受到祭祀。山西介休有后土庙，祠后土娘娘。汉朝建“后土祠”，祠黄帝之佐神，与社神的地位不同。把皇天与后土对称起来，就是这一观念的体现。北魏太武帝太平真君四年（443年），朝廷遣官去位于今内蒙古自治区嘎仙洞告祭祖先旧墟，刻下祝文，其中有“皇皇帝天，皇皇后土”。天为阳，地为阴，帝又与后相对，后来作为神的后土，进入父系社会后，稍微有些变动：民间改称为“土地爷”，成了男神。

伏羲氏

共工氏后来被融合到从关中平原东迁的神农氏里去了，他们与轩辕氏黄帝的后裔却一直格格不入，并先后与高阳氏帝颛顼、高辛氏帝喾争夺华夏王位，又曾经与帝颛顼的子部族祝融氏、夏后氏帝禹发生冲突，爆发战

共工氏

争，但共工氏都以失败告终。在有虞氏帝舜摄政时代，共工氏在今河南西部一带治理水患，反而加重下游洪水，并使鲁西南一带遭灾。帝舜震怒，将他放逐到幽州（河北北部及东北辽宁一带）去了。

伏羲氏的兴起比共工氏要早得多，太昊作为部落首领，并可能是后李文化（前 6000—前 5300）的创造者，时代与共工氏相当。

考古发现的北方最古老的农耕遗址，在冀中徐水县南庄头，它的年代是公元前 8860 年—前 7740 年间。这个遗址出土了一些夹砂的深灰色和红褐色陶器，还有加工粮食用的石磨盘、石磨棒以及水沟等。按今天的考古发掘情况来看，中国最古老的先农应该出现在南庄头的先民之中了。

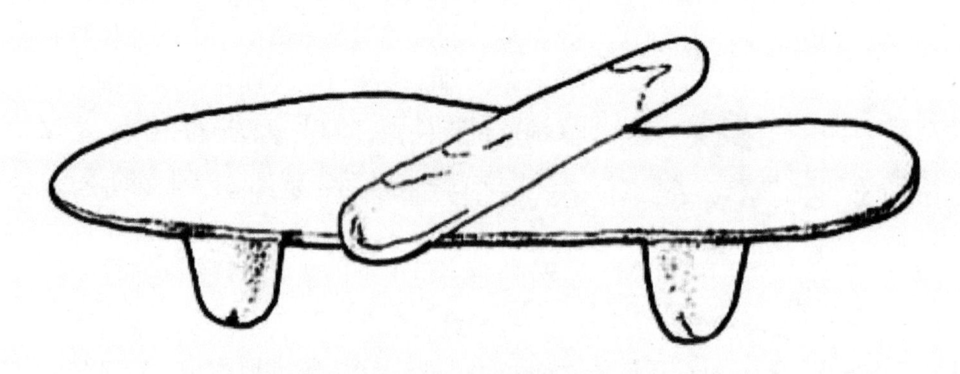

新石器时期的石磨盘和石磨棒，出土于河南巩县铁生沟遗址

广西柳州市白莲洞遗址出土的带孔重石

对中国南方的农业之源还要追溯到更加古老的时代。在广西柳州市白莲洞旧石器时代遗址里，竟然有 20000 年前古人（南越人）用过的一块带孔重石，它是不是能套在尖木棒上掘地用呢？考古工作者还数次发掘湖南道县玉蟾岩遗址，都发现有稻谷和陶器遗存，这是世界上目前发现的最早的稻的遗存，时代距今 10000 年。

道县在湖南南部，靠近广西，王蟾岩遗址最有可能是南越人活动的遗存。南越人是古百越人的一支，分布在广东和广西及其两广邻近的地区。

湖南道县玉蟾岩遗址出土的稻谷和陶器

远古时期蚕的驯化

蚕的驯化可以追溯到远古时期，从考古发现来看，养蚕相继出现于长江流域和黄河流域。考古人员曾在山西夏县西阴村的一个至少5600年前的仰韶文化遗址中发现了一个被截断的蚕茧，后来在浙江吴兴钱山漾良渚文化遗址中又发现了丝带和绢片，还有在浙江余姚河姆渡遗址也都发现养蚕和丝织品的迹象。20世纪80年代发现的河北正定南杨庄遗址出土了两个陶蚕蛹。近些年在河南荥阳市广武乡青台村的考古中发掘距今5800—5100年前的丝织物——罗。距此地百余里之外的巩义市河洛镇双槐树村遗址出土距今5000年的牙雕蚕。商周以来，养蚕取丝一直是中国人从事的重要

南杨庄陶蚕蛹

生产活动。这不仅在中国发明了珍贵的丝织品，而且还输送到其他地方。这些地区也不只是享用各种丝织品，而且也逐步学会了养蚕和种植桑叶以及蚕丝的加工，织出各种丝品，这些都大大影响了人们的生产活动、经济发展和文化生活。

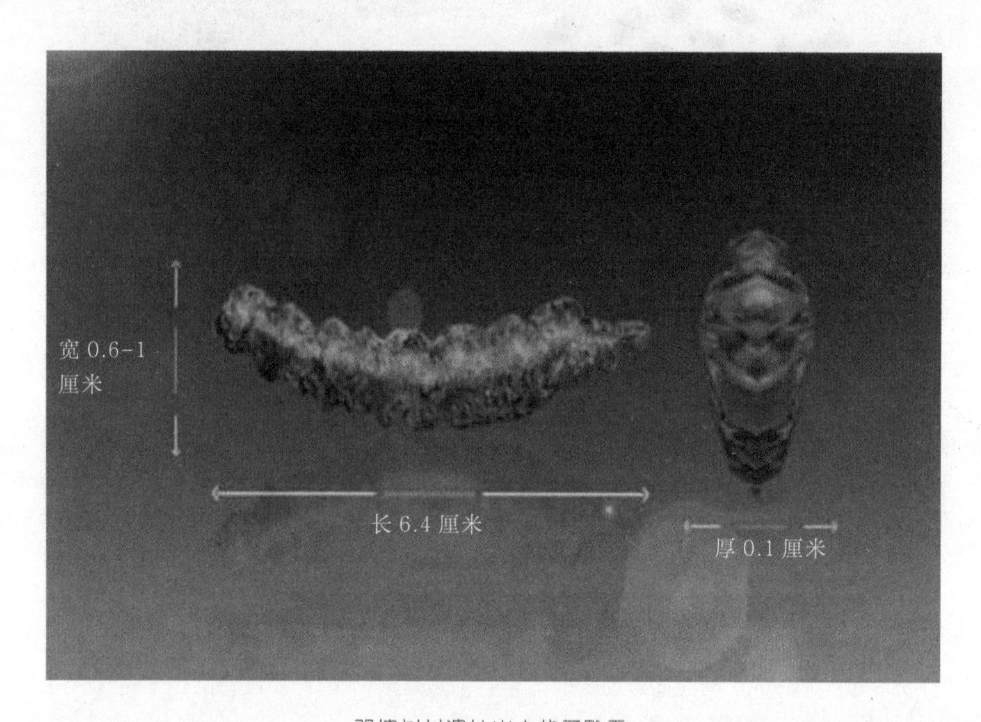

双槐树村遗址出土的牙雕蚕

从这些发展的情况看，作为世界上的农业发源中心地区之一，中国的农耕活动大致形成了两个源流。一个中心区域处在长江中下游地区，以种植水稻为主，可视为南方稻作的代表。另一中心区域处在黄河流域，以种植粟和黍为主，可视为北方旱作的代表。但是，当中国形成了“南稻北粟”的局面后，在距今约 4000 年前，北方旱作农业发生了一次重大转变，即由于小麦的优良品质对中国的粟和黍产生了冲击，逐步取代小米成为北方旱作农业的主体农作物，又形成了“南稻北麦”的中国农业生产格局，并延续至今。

小麦入住中原与耕作技术的发展

战国末期，小麦先在西北和西部少数民族地区种植，后来传入中原，随着轮作倒茬和农田灌溉的耕作技术的发展，种植面积持续增长，粟在长时期内仍作为最主要的粮食作物。东汉时期的《四民月令》中还提到豌豆和胡豆，三国时的《广雅》首次提到籼稻。由于大量的人口迁徙，一些先进的农作技术扩散到南方地区，大大加速了南方地区的发展，到南朝末年，东南“良畴美柘，畦畎相望”，呈现一片富庶景象。梁天监四年（505 年）“米斛三十”(《梁书·武帝纪》)，相当于每斗米仅三钱。可见，这时东南农业发展之繁荣了。唐宋水稻生产的发展，至宋朝水稻一跃为粮作之首；麦作也进一步发展；西南少数民族地区种植的高粱在宋元时期传到黄河流域，成为重要粮食作物之一；明清时，原产美洲大陆的玉米、甘薯、马铃薯传入中国，并迅速传播。

北京先农坛

中华民族是以农立国著称。中国人一直缅怀着创建农耕的先农们，并把他（她）们当作神明来顶礼膜拜。在北京，有一座称为先农坛的宏

北京社稷坛

伟神庙，庙里设有先农、太岁和山川三大祭坛，还有北京中山公园内的社稷坛。明清两朝的帝王们都要在这些祭坛上定期祭祀这些神祇。今人在参观这些遗存时，在表示对先人的敬意之时，也会发现，先人对于自然是如此敬畏，追求与自然的和谐相处，并且在劳作中表现出克服困难的勇气，这些都深深地感染着众多的参观者。

二、驯化作物之功

在中国文明发展初期的北方，是将黄河中下游以崤山、函谷关为界，分为关东（或称山东）、关中（或称关西、山西）两大区域。关东区的主体部分是黄河下游的华北平原，其西端伊水、洛水、黄河、济水这4条河流交汇，相当于今洛阳为中心的黄河流域地区，亦即历史上所谓三河（河南、河内、河东）地区，是中国黄河流域农业文明的发源地。因为它西接关中盆地，东连华北平原，被中国人称为“天下之中”（即中原之地）。而相应的长江中下游地区是中国农业发源的另一个地区。

刀耕火种——烈山氏的故事

耕种专指人类为了植物生长而采取的行为，如平整土地、砍伐烧荒、播撒种子等。这样，耕种可视为农业起源过程中起步的标志。

最原始的农具：

①尖木棒（内蒙古和黑龙江鄂伦春族所用）；

②木耒（青冈叉，西藏门巴族所用）；

③木耜（西藏珞巴族所用）。

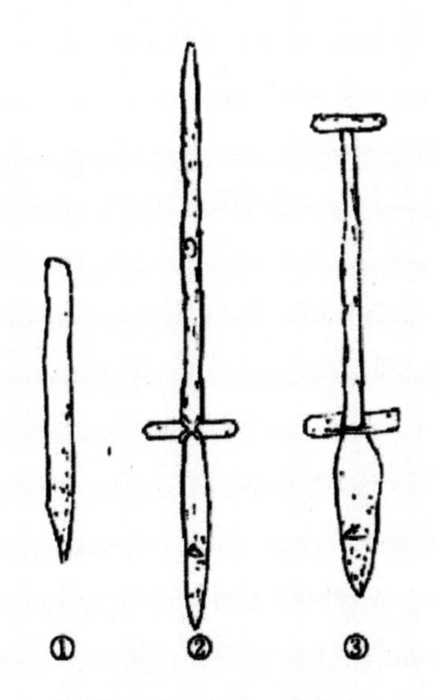

尖木棒、木耒、木耜

“神农氏制耒耜教民农耕”的故事在中国甚至东亚流传很广，与这个故事相关的还有烈山氏父子的故事，在新石器时代早期，人类农业发展初期曾经流行过“点耕”的作业方法。相传在湖北随州市北偏西的厉山之东，有个巨大的岩洞，高 69 米，长 460 米，称为“神农穴”，曾居住过名为“烈山氏”的部族。它的一个子部族叫“柱”，善于种植各种谷物和蔬菜，生前担任“田正”（主管农耕），死后被尊奉为农作物之神——“稷”，一直享受着祭祀。“烈山氏”和“柱”的名称也反映出一种最原始的农耕方式——刀耕火种的“点耕法”。这就是将待种的坡地上的草木砍倒，待草木干枯后放火烧山（谓之“烈山”），再用尖木棒（“柱”）在地里挖坑，点播上作物的种子。“烈山氏”就是放火烧山的部族，“柱”是使用尖木棒的部族。为了使尖木棒分量加重，利于刺土，先民们往往在棒上再套装一块钻孔的重石。在江西万年县仙人洞新石器时代早期遗址（前 8870—前 6825），考古工作者发现了古扬越人用过的重石（扬越人也是百越的一支，分布在江浙及其邻近地区）。更令人惊奇的是，1984 年 4 月，在广西柳州市西南大约 12 千米的白面山莲花白莲洞里，考古工作者竟在近 20000 年前的层位里，找到了一块穿孔砾石，是南越人当年用过的重石。虽然白莲洞先民当时拿着这块重石用于开创农耕尚不能完全肯定，但是如果这些石器与农耕有关的话，古埃及最早的瓦迪·库巴尼亚农耕发轫于公元前 16300 年，比南越人的农耕还要略晚些。这样，白莲洞先民可称为世界“先农”了。不过，

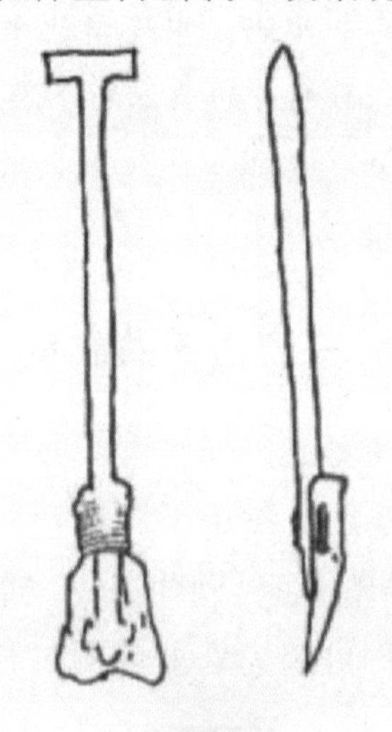

河姆渡遗址出土的骨耜和骨耜头安木柄示意图

尖木棒不仅可以用于点耕，而且还用于挖掘块根食物之类的东西。

神农氏手执双齿耒图（东汉山东嘉祥县武梁祠画像砖）

相传，神农氏将尖木棒的尖头放在火上适当揉弯，以利于起土，并且在尖木棒的下部装一根横木，以便于用脚踩，这样的尖木棒就改造成为耒了。借助这样的工具可提高效率。播种之时，一名男子用双手握住耒柄（一般右手在上，左手在下），一脚踩在横木上，使耒与地面保持60°—70°角向下刺入土中20—30厘米深，双手往下猛压耒柄，耒尖一撬一挑挖出穴，对面跟着的一名妇女就往穴里放种子后埋好土。就这样，男的一面挖穴一面往后退，女的一面往穴里放种子埋土一面往前跟，可持续地进行点播的作业。

此后，先人们还发明了所谓“耦耕”。这是由两男两女合作进行播种。两个男子各持一耒，同时挖穴；两个妇女跟着同时放入种子再埋土。不用耦耕的话，一个男子一把耒，只能松土，不易翻耕。这种耦耕的办法有些笨，如果能将耒尖从一个增加为两个，变单齿耒为双齿耒，岂不就能由一名男子完成两名男子耦耕的工作了嘛！这样，双齿耒就被逐渐推广开来了。

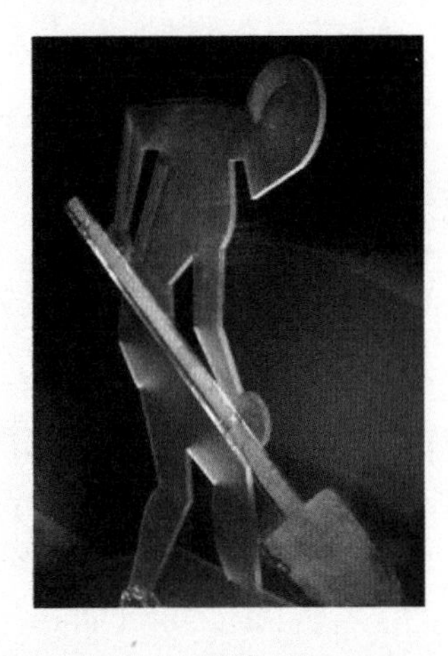

木耜

如果将耒尖加宽就形成了如锹头的模样，就能使翻土的面积增大，这样就成为耜了。耜是与铲或锹相近的农具，有全用木制的，也有在木柄下端加装骨板、石片制成的，分别称为骨耜、石耜。耒和耜都不是仰韶时代神农氏初制的，而是在前仰韶时代就已被先民应用了。例如，在河南新郑市裴李岗遗址和河北武安市磁山遗址都有石制的耜头出土。

实际上，使用耜最早、最广的地区是江南，如江西万年县仙人洞遗址和浙江余姚市河姆渡遗址分别出土蚌制和骨制的耜头。特别是河姆渡的骨耜，制作精细，数量又多，在浙江省博物馆可以看到。

新石器时期的石耜、石刀和石锄　　河姆渡遗址出土的骨耜和复原图

在中国，耒耜从新石器时代早期一直用到商周时期。当然，这中间有不少改进。例如，将木耜头加青铜耜刃套，或者将整耜头改为青铜铸造。到距今 5000 年前，中原和江南出现石犁，商朝还出现牛耕，特别是汉朝推广牛拉铁铧木犁之后，耒耜才逐渐退出历史舞台。当然，这不妨将神农氏式的木制耒耜一直沿用下来，并从这些耒耜可以想象“先农”当年农耕的状况。

北方粟作的发展

北方旱作农业包括粟和黍的生产过程，早期的考古遗址不算少，如北京门头沟的东胡林遗址、河北徐水的南庄头遗址、河南新密的李家沟遗址、山西吉县的柿子滩遗址等。其中，东胡林遗址的面积虽然很小，但发现了墓葬、灶坑和灰坑，出土的动物骨骼均为野生动物遗骸，还出土了少量的炭化粟粒。很显然，东胡林遗址的先民是一个半定居的采集狩猎群体，所出土的炭化粟粒说明，他们很可能已经能收获到小米了。

东胡林遗址出土的炭化粟粒

在距今8000年前，北方发现的带有农耕特点的早期考古遗址要更多些，如河北武安的磁山遗址、河南新郑的裴李岗遗址和沙窝李遗址、山东济南的月庄遗址、甘肃秦安的大地湾遗址、内蒙古敖汉的兴隆沟遗址等。这些遗址大都出土了粟和黍，古代先民已开始种植粟和黍。这个时期仍处在旱作农业的早期阶段，社会经济发展仍然以采集狩猎为主、农耕生产和家畜饲养为辅。

距今7000—5000年间的仰韶文化时期古代文化高速发展。在渭水流域、汾河谷地和伊洛河流域的黄河支流地区发现的仰韶文化时期考古遗址已有2000余处，经过发掘的也有近百处。在这些地方的仰韶文化早期（即半坡时期距今6500年），农业生产在社会经济生活中已经占据了重要的地位，但通过采集获得野生植物仍是重要的食物资源。随着社会的发展，农业生产比重逐渐增大，距今5500年的仰韶文化中期，即庙底沟时期，采集狩猎的收获已经微不足道了，以种植粟和黍两种小米为代表的旱作农业生产方式形成，成为仰韶文化社会经济的主体，中国北方地区进入农业社会阶段。

半坡遗址模拟图

庙底沟遗址的发掘

磁山遗址四足磨盘

20 世纪 70 年代，在磁山和裴李岗的新石器时代早期遗存中发现，先民已有了耕作的活动。磁山遗址还发现了粟的遗存，从出土的农具和粮食加工工具看来，当时农业已从原始的刀耕火种进入了耜耕农业阶段。裴李岗类型遗存还在密县、登封、鄢陵、长葛和郏县一带发现。磁山和裴李岗的遗存年代距今约 8000 年。稍后的仰韶文化期的洛阳王湾、郑州大河村遗址都有村落、房屋和粮食遗存发现，反映当时已过着定居农业生活。陕县庙底沟二期文化（距今 4700 年左右）已具有仰韶文化向龙山文化阶段过渡的特征。这时期遗存发现较多的有以潼关为中心和以洛阳、郑州为中心两个地区。农业成为主要生产部门，农具较仰韶期有所改进。以洛阳为中心的伊洛河流域发现的王湾类型和安阳后冈类型的河南龙山文化的遗存，表明农具取得了明显的进步，农业生产水平也比以前有了明显的提高。偃师二里头类型文化的年代与中国文献上记载的夏朝纪年大体一致，并被认作是夏文化。

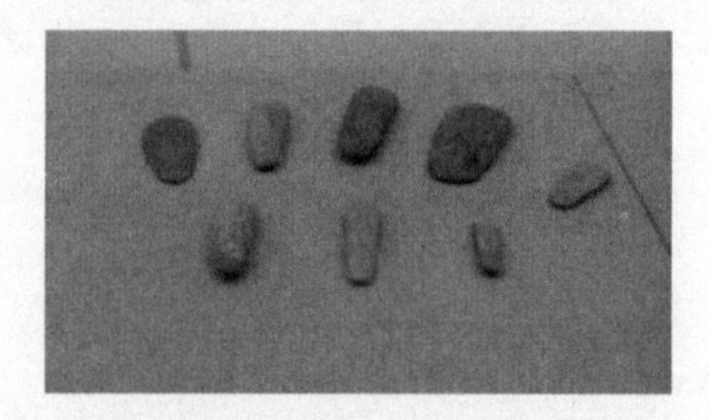

磁山遗址出土的石质生产工具

磁山遗址出土的炭化粟干后成灰白色，粉末状，疏松而质轻

粟作的影响是深远的，而说到粟字，最早见于商朝甲骨文。它的子实为圆形或椭圆小粒，北方通称“谷子”，脱出的粒叫“小米”；“粟”的颗粒小，因此又被用来指称细小的东西，如沧海一粟；“粟”还是古代度量单位名。《管子·治国》所说的：“民事农，则田垦；田垦，则粟多；粟多，则国富。”这里的“粟”即泛指粮食，是说谷物多的国家才是富有的。“粟”字也在不断演化着。从今天看，字形好认了，并且从这些不同的字形可以享受其中蕴含的美的多样性。

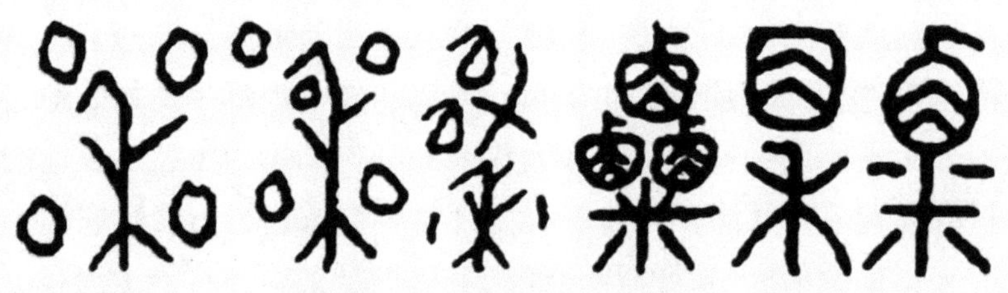

甲骨文 1　甲骨文 2　甲骨文 3　《说文》籀文　古玺文 1　古玺文 2

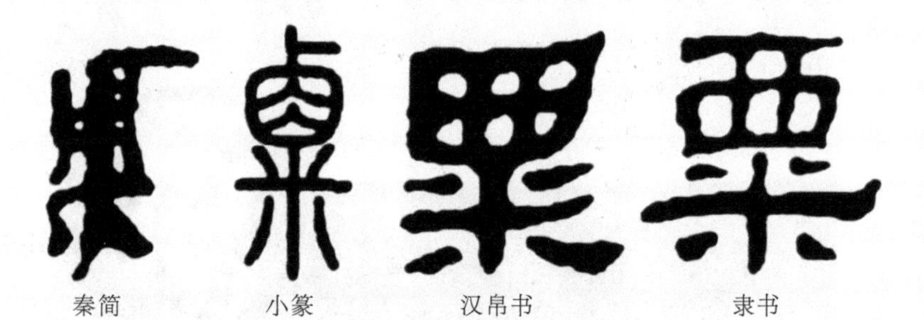

秦简　小篆　汉帛书　隶书

“粟”字的演化

南方稻作的发展

在中国已发现的 10000 年前的稻遗存有 4 处考古遗址，即江西万年县的仙人洞遗址和吊桶环遗址、湖南道县的玉蟾岩遗址、浙江浦江县的上山遗址。这些稻遗存（如上山遗址出土的炭化稻米和炭化稻壳）说明稻已成为当时人们生活中不可或缺的作物种类，古代先民有可能已开始耕种。

河南舞阳贾湖遗址出土的炭化稻米

在距今 8000 年的村落中，磨制石器不断增加，还从事陶器制作，已经开始了真正意义上的农耕和家畜的饲养。这时的稻作遗址已有，湖南澧县的彭头山遗址和八十档遗址、浙江萧山的跨湖桥遗址和嵊州的小黄山遗址、河南舞阳的贾湖遗址和邓州的八里岗遗址等。这些考古遗址都出土有水稻遗存，以及采集的菱角、莲藕和橡子等野生植物的遗存。在这些遗址出土的动物遗骸是以鹿为代表的野生动物为主，从农业的发展看，这时虽然已经从事稻作生产，并开始饲养家畜，但食物来源仍然主要依靠采集和狩猎。当时的社会经济主体仍是采集和狩猎（渔猎），农业生产范畴的水稻种植和家畜饲养仅是辅助性的生产活动。

田螺山遗址出土的菱角和炭化稻谷

距今7000—6000年间的河姆渡附近的田螺山遗址出土了大量的植物遗存，包括水稻、菱角、橡子、芡实、南酸枣核、柿子核、猕猴桃籽以及各种杂草植物种子，而水稻已成为当时人们最重要的食物资源，稻作生产已逐步发展成为社会经济的主体。在余姚市相岙村和施岙村附近的山谷中，

田螺山遗址出土的橡子

考古人员发现古稻田遗址近百万平方米，经考证为河姆渡文化（距今6300—5700年）和良渚文化（距今4500—4900年）时期遗址。而在施岙的遗址是大面积规整块状的，最早可追溯到河姆渡文化早期，是目前世界上面积最大、年代最早的大规模古稻田遗址。难得的是，还发现了田埂。这些古稻田遗址表明，稻作农业是河姆渡文化时期到良渚文化时期社会发展的重要经济支撑。

施岙遗址的稻田层　　从施岙遗址发掘出的木头

作为农业起源的稻作在良渚文化时期最终完成。良渚文化是分布在环太湖地区的新石器时代晚期文化，测定年代在距今5200—4300年间。良渚文化时期，环太湖地区的考古遗址数量较多，由于人口大幅增长，水稻单位面积产量增加，这与稻作农业的发展相关。在良渚文化分布的核心区域（浙江余杭地区）还发现了一座良渚古城，在古城的北部和西北部还发现了大型水利工程，这些建设工程需要投入大量的劳动。

良渚古城的大型水利工程

距今5000年前的稻作农业生产已经发展到相当高的水平，只需投入社会劳动力从事农业生产就可以

为全社会提供充足的粮食。这说明，至迟在良渚文化时期或更早，长江中下游地区已经完成了由采集狩猎向稻作农业社会的转变。

稻是草本类稻属植物的统称，是重要的粮食作物之一，耕种与食用的历史悠久。现在，全世界有一半的人口食用稻，主要在亚洲、欧洲南部和热带美洲及非洲部分地区。作为人类的主要粮食作物，目前世界上的稻品种可能超过了 14 万种。稻的总产量占世界粮食作物产量第 3 位，低于玉米和小麦，但能维持较多人口的生活。籼稻起源于亚热带，种植于热带和亚热带地区，在无霜期长的地方一年可多次成熟。粳稻种植于温带和寒带地区，一般一年只能成熟一次。

能“保岁”的大豆

先秦重要粮食作物有粟、黍、稻、大麦、小麦、大豆，还有大麻和菰（米）等。大抵北方以种粟黍为主，南方以种稻为主，但是，大豆一度和粟并列为主要粮食。汉以后大豆向副食方向发展，大麻和菰逐步退出粮食行列。

作为一种古老的作物，野生大豆原产地是中国，并且在中国的南方和北方都能看到。古代的大豆被称为“菽”，因此英文的 Soybean 和俄

大豆

文的Соя都是“菽”的译音。种豆的好处，古人很早就记载在文献之中，并以《氾胜之书》（已失传）最早，氾胜之记下了“豆有膏”的句子。这个“膏”的本义是肥美，而今人知道，豆的益处是在它的根瘤之上。尽管古人不能从科学上知道根瘤益处的原因，但对其好处还是有所认识的。

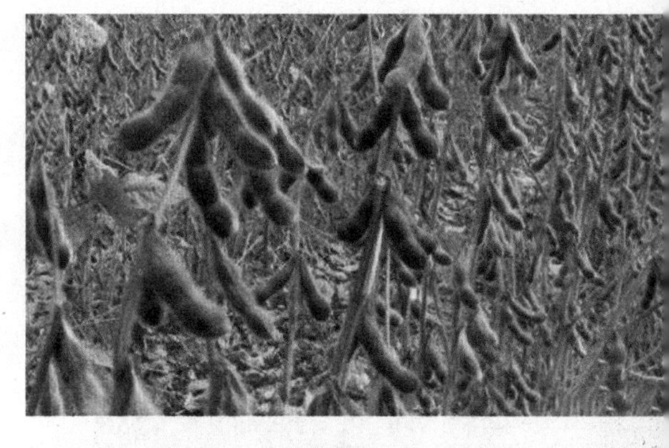

成熟的豆荚

追溯“菽”的源头，并从“菽”字的结构（所反映的豆的结构）和发展看，最初是“尗”的字样，并且还可变换出几种写法。按说，“尗”是本字，“叔”是假借字，而“菽”字就是俗字了。“尗”中的“一”表示平平的地面，把豆秧与豆根区分开，即地面上为“上”，其下为“小”。豆根部的描述是“、”（右首）为豆甲，“丿”是“土豆”（即根瘤）。古人已注意到，丰年时，“土豆”（根瘤）长得就“坚好”，而年头不好时“土豆”就“虚浮”。所以“土豆”长得好坏，反映出土地“膏”的品质就有差别。

中国驯化大豆在距今9000—7000年间。在黄河中游和淮河流域的裴李岗文化时期的先民开始驯化之。在5000—4000年的龙山文化时代，大豆已有明显的驯化特征。在河南禹州瓦店、登封王城岗、山西陶寺、陕西周原等遗址都有出土的介于野生大豆与栽培大豆之间的碳化物。

周原遗址出土的龙山时代炭化大豆粒

在夏商以后，大豆的尺寸明显增加，而到汉朝才完成了驯化的过程。春秋战国时期，大豆成为主粮，主要的农作物，与粟并称“菽粟”。《管子》中说：“菽粟不足……民必有饥饿之色。”

古代农学家突出了大豆对于民生之作用。在《诗经》中有“荏菽”之名，即“蓺之荏菽，荏菽旆旆”。这里的“蓺”（yì）的意思是“种植”，“荏”字是“大”的意思，“旆旆（pèi）”是“长”的意思。可见，在战国时期，已有“大菽”（《吕氏春秋》）的称谓。

生长中的大豆

为了引起统治者对种植菽的重视，一些政治家和思想家在他们的研究工作中指出种植菽的重要性。像管仲、墨翟和孟轲在他们的著述中都主张大力发展粟和菽的种植；并且，他们还警告，如果生产不足，百姓就会陷入饥饿的状态。大豆的优点是比较耐旱，在栽培上可适当粗放。特别是赶上气候较为干旱之时，大豆也会减产，但不至于绝收。所以，古人把大豆视为重要的作物，它可以“保岁”（保收），是一种救荒作物。其实，大豆的单位产量比粟要低一些，但是由于菽的“保岁”的作用明显，便受到重视。而且，在长期的种植过程中，农民发现，“种谷必杂五种”。这是说，在同一个季节，种植作物的种类不要太单一，要同时多种几种作物。但在具体搭配这些作物时，都少不了大豆。以至于还有这样的说法，每个农户在播种时，大豆都要占一定的比例。这样就出现了“五谷”“六谷”“九谷”和“百谷”之说，其中之一就有大豆。因此，在黄河流域的地区，大豆的地位是稳步上升的；而且，早在春秋战国时期，菽和粟的种植几乎受到同等的重视。甚至在古代文献中，粟、菽和麦的收成如何，这都要作为重要的事件记载在史籍之中，特别是在减产时要更加详细地记下来；此外在记载时，往往是粟与麦记载在一起，而菽则还要单独记下。当土地中种植过大豆之后，地力就会提高，对此后种植的植物有益处。据说（在战国之时），韩国（今山西省境内）的一些险恶的山地，只种植大豆和麦子（“五谷所生，非麦而豆”）。这就是说，在一些山区，自然条件太差，只能选择麦子或大豆来种植。

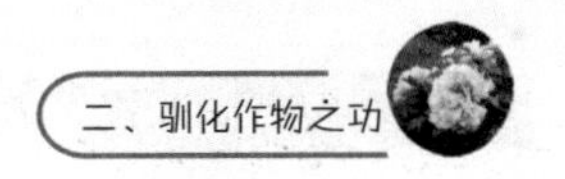

西汉时期，四川的一对主仆（“僮”），主人对他的仆人提出了一些要求，为此两个人订立了一个《僮约》，要求这个仆人在一年之内所作的事情。其中之一是“十月收豆，抡（种）麦窖芋”。这就是说，十月份收获了豆子之后，就要种下麦子。这些使用的都是麦豆倒茬之法。

既然豆的益处很明显，黄河流域地区的农民就把种植的豆子作为一种倒茬的作物。在东汉时期，倒茬组合有麦—禾（粟）和麦—豆两种。到了南北朝时期，在《齐民要术》中就对流行于黄河中下游地区的倒茬轮作的方式多有记述。例如：大豆—谷—禾穄（小豆或瓜）；大豆—禾穄—谷（瓜或麦）；麦—大豆—谷（禾穄）；黍—麦—大豆……

可见，北方种植多以粟和麦子为主，但是在种粟或麦子之前，要确定某种作物。而确定下来的某种作物对于粟或麦子的种植一定是要有某种益处。大致的组合是这样：以绿豆或小豆茬最佳，而用麻或黍穄［jì，即糜（méi）子］或胡麻（芝麻）次之，芜菁或大豆茬就差些了。但是，如果以黍穄来说，除去开荒之外，以大豆茬最好。从这些记载可以看出，早在 1500 年前，中国古代的农人就对倒茬作物有了较为深入的认识。

后来，由于粟和麦子的单产不断提高，使粟和麦子的种植自然更加受到重视，并且用黍、稷、荞麦和绿豆来替代菽。不过，由于粮食产量提高到一定水平之后，到汉代，人们便开始重视副食品的开发。最早开发的大豆副食品便是豉，并用豉作酱。在《楚辞·招魂》中有“大苦咸酸，辛甘行些”的诗句。这里的“大苦”就是豉。当时，在一些都城之中，已有经营豆豉的商人，且经营规模不算小了。在秦汉之时，还有食用“黄卷”的习惯。这种“黄卷”就是豆芽，并且在西汉马王堆墓中就有“黄卷一石缣囊一笥合”的句子记载在竹简上。因此，在此时，菽已经不是主粮了，但是作为“蔬饵膏馔”，成为人们十分喜爱的副食品的原料了。

汉朝时，大豆的产量增加，种植规模加大，《氾胜之书》中的记述表明，大豆在中国广有栽培。洛阳的汉墓出土陶仓上写有“大豆万石”的字样。汉朝以后，

唐推磨俑图

稻麦替代了大豆主粮的地位，大豆便向副食品和调料发展。利用大豆可以制作豆酱，并发展出酱油以及豆腐，等等。

“接绝续发”说小麦

传说，蜀相诸葛亮曾南征到泸水，当地人提醒，在渡河时要用人头进行祭祀。为此，诸葛亮便改用“馒头”（也称为“馒首”），以代替残忍的人头祭祀。这就留下了诸葛亮发明面食馒头之说。从面食的发展来看，像“麺”和“饼”的字样，直到汉朝，并且是在张骞出使西域之后才出现的。后来的《说文解字》中有“饼，麺餈（cí）也”的定义，意思是，饼乃“麺粑粑”。这是否意味着小麦和制作粉食是在张骞出使西域之后才出现的呢？

说到麦子，在新石器时代，人类对野生麦子进行驯化而得到小麦，其驯化与栽培的历史已上万年。在中亚地区发掘史前原始社会居民点，其中发现了许多残留的实物，包括野生和栽培的小麦的穗与籽粒，以及炭化的麦粒、麦穗和麦粒在硬泥上的印痕等。后来，小麦从西亚、近东一带传到欧洲和非洲，并东向印度、阿富汗和中国传播。4000 年前的中国，已先后种植小麦。1955 年在安徽省亳县（今亳州市）钓鱼台发掘的西周时的炭化圆粒小麦种粒 200 多个，发现有炭化小麦种子。后来，又在云南剑川海门口发现麦穗，距今 3000 多年。2016 年，陕西省考古研

小麦

究院对镐京遗址持续进行考古发掘，在一个西周中期用于填埋垃圾的灰坑里，考古人员发现了一批炭化的小麦颗粒。虽然已经过了2800多年，但小麦颗粒形状依旧完好。这表明，至少在西周中期，小麦已经在西周都城镐京周围开始种植。

镐京遗址出土的炭化小麦粒

中国的小麦种植是由黄河中游逐渐扩展到长江以南各地。其实，在春秋战国之前，就有“麦”字了，并且作为大麦和小麦的统称。此前，在殷墟出土的甲骨文有“麦”记载，说明公元前12世纪小麦已是河南北部的栽培作物。《诗经·周颂·清庙思文》“贻我来牟”，这里的“来”和“牟”字，也写作“麳麰”，其中“来”是小麦，“牟”是大麦。三国魏张揖《广雅》有“大麦，麰也；小麦，麳也”的记载。由于小麦在粮食中的地位越来越重要，麦几乎成为小麦的专称了。根据《诗经》中提及的“麦”，说明公元前6世纪，黄河中下游已栽培小麦。据史书记载，长江以南地区约在1世纪，西南部地区约在9世纪都已经种植小麦。到明朝，从《天工开物》（1637）的记载可知，小麦已经遍及全国，在粮食生产上占有重要地位。

“麦”字的演变（甲骨文、金文、隶书、小篆、楷书）

关于小麦的加工和食用，最初，中国人食用麦粒与中国驯育的黍、粟、稷、稻等一样，都是蒸煮成饭粒。西汉时期从国外传入粉食的方式。

麦的别名“牟”和“来”之外，还有“旋麦”和“宿麦”之分。这里的“旋”是“立即”的意思，“旋麦”就是当年播种、当年收获的麦子；而“宿麦”的意思是当年播种、第二年收获的，而且“宿麦”在西汉之前已经栽种了。

从史籍看，中国人最早栽培的是春麦；到了春秋时期才有关于冬小麦的记载，即在鲁隐公三年（前720年），“四月，郑祭足帅师取温（今河南温县）之麦”。这就是去温地抢麦子，因为是“四月”，可见抢来的一定是冬小麦。在《管子·轻重篇》中也有记载，即“九月种麦，日至而获”。即秋季（“九月”）种麦，来年夏至（“日至”）时收麦。又有“麦者，谷之始也”。意思是，冬麦开始收获乃是一年收获之开始。从这里的记述看，齐国也是秋季种麦的。齐国的近邻鲁国却种春麦，鲁庄公七年（前687年）“秋大水，无麦苗”。二十八年冬，“大无麦禾”。可见，鲁国种的是春麦。在《七月》诗中有“九月筑场圃，十月纳禾稼，黍稷重穋（lù），禾麻菽麦”。大意是说，九月修筑打谷场，十月收庄稼。黍稷早稻和晚稻，还有粟麻豆麦。所收获的“麦”仍是春小麦。在黄河中下游地区引种冬小麦之后，由于在收获之时恰好在“日中出”时节，即夏至之时，冬小麦发挥了“接绝续发”（郑玄语）的作用，因此大受欢迎。

葛麻终须让棉花

在中国传统的布匹生产之中，原料大多是大麻、苎麻、葛藤纤维、蚕丝和皮毛。但是，葛麻之类的植物纤维收下来要进行沤治和梳理，是非常麻烦的。《诗经·陈风》中有“东门之池，可以沤苎”的说法。

葛麻

说到棉花，最早的文献见于《禹贡》，其中关于扬州的贡品是“岛夷卉服，厥篚（fěi）织贝”。这是说，扬州的贡品中有“织贝”和“卉服”等。南宋时，蔡沈（1167—1230）对此作过注释。他认为，“岛夷，东南海岛之夷。卉，草也，葛越、木绵之属。织贝、锦名……今南夷木绵之精好者，亦谓之吉贝。海岛之夷，以卉服来贡，而织贝之精者，则入篚焉”。蔡沈认为，“葛越”尚难确定，木绵和织贝，还有卉服都应该是棉织品。

而棉花至迟在汉朝已有种植，但长期局限于西北、西南和中南少数民族，唐、宋以后从华南传到长江流域和黄河流域，元、明两朝被迅速推广，终于取得了主要衣被原料的地位。

棉花原产于印度和阿拉伯，中国产的木棉只用于填充枕褥，并非用于织布的棉花。宋朝

棉铃和成熟的棉花

以前的中国人用“绵”字、非“棉”也。这里的木绵是南方的一种乔木——木棉，也被称为“攀枝花”。在古籍中，“木绵”和“木棉”常常被混称。大约到了明朝才把这两种“棉”或“绵”区分开。其实“织贝”和“吉贝”（也有写成“古贝”的）语出于一源，来自于梵文，意思是栽培棉的一种名称，在东南沿海的棉花（亚洲棉），由印度传过来的。棉花的传入，至迟是在南北朝时期，并多在边疆地区种植。棉花传入内地，当在宋末元初，史籍中记载：“宋元之间始传种于中国，关陕闽广首获其利，盖此物出外夷，闽广通海舶，关陕通西域故也。”这就是说，棉花的传入分海路陆路两条路线。泉州的棉花是从海路传入的，并很快在南方推广开来，北方的推广则迟至明初，是明朝廷用强制的方法才推广开的。

对于棉花的加工，在去籽之后，纺纱和织布相对要简单些。在《王祯农书》中，王祯曾写道，棉花“比之桑蚕，无采养之劳，有必收之效；埒（liè）之枲（xǐ，大麻的雄株）苎，免绩缉（jī）之功，得御寒之益，可谓不麻而布，不茧而絮”。另外，养蚕受到地区限制，从中国古代的发展看，桑蚕业发展条件较好的地区主要是在环太湖地区和黄河流域地区。而大麻主要是在北方种植，苎主要在南方种植，而棉花，在北方和南方的种植都没有问题。

从印度经缅甸和越南传入中国的棉花逐渐向北扩散，这条路线被称为“南路”，还有一条是“北路”。北路由新疆传入，如古代高昌国（今吐鲁番）产的“草实如茧，茧中丝如细纑（lú），名为白叠子。国人多取织以为布，布甚软白，交市用焉”。这里的“白叠子”是梵语的发音，即野生棉。至少在 6 世纪就在高昌地区种植。而这种野生棉就是草棉，也被称为“小棉”。它的株矮、棉铃小。先从波斯和印度传入中国，到 13 世纪传到陕西。这就形成了所谓的“南路”和“北路”之别。这两路的棉花，在元朝，南路向北推进，而北路由新疆向东推进，使棉花生产出现在浙江、江苏、福建、湖北、湖南、安徽等地，以至于元世祖在位期间，在一些地方设置了木棉提举司，来管理棉花生产。

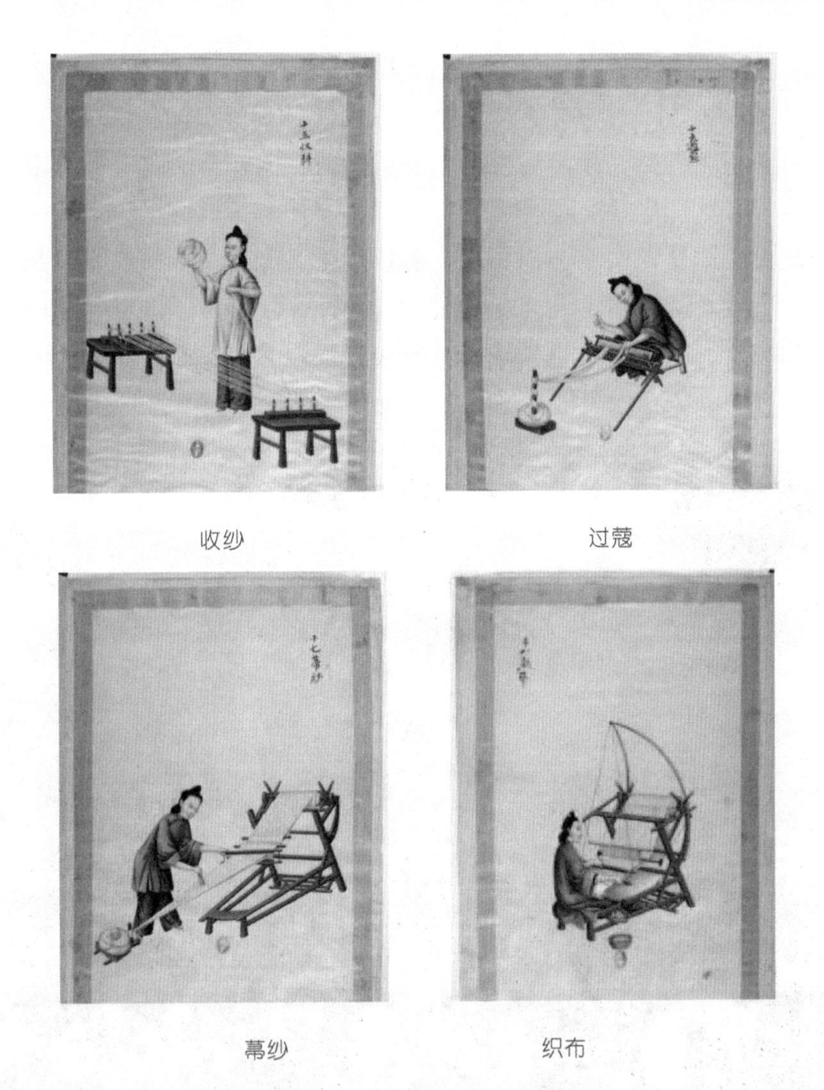

收纱　过蔻

幕纱　织布

棉布生产流程图（收纱、过蔻、幕纱、织布）

元代司农司编纂的综合性农书——《农桑辑要》中也提倡在各地种植棉花。

值得注意的是，棉花由南向北普及的是中棉，而由西向东普及的是草棉。但是，西路的普及不如南路的中棉好。原因是草棉的株矮、棉铃小，产量也低；而且，在棉铃裂开时开口小，摘下棉花也不容易，这使得它的普及受到一定的限制。但它还是有优点的，即成熟早，对于无霜期短的地方（如河西走廊）还不能完全被取代之。当然，到20世纪，新疆地区植棉出名，已采用优质长绒棉的品种了。

对于棉花种植，徐光启也是非常重视的，他在《农政全书》中推荐了5种棉花，即黑核、黄蒂、青核、宽大衣和紫花。这里的“黑核”棉花在晚清黄宗坚的书中被提到过。黄宗坚是上海人，重视农业生产，尤其重视棉花生产，并创办农业学堂。他积30余年的棉花研究心得，写成《植棉实验浅说》（也写成《种棉实验浅说》），影响很大。他试种的“黑核洋棉”，效果很好，并为之大力推行。

我国新疆棉花种植

到清朝，棉花已经比较普及了，朝廷也是非常重视棉花的种植。为了表示其重视，在清乾隆三十年（1765年），直隶总督方观承绘制《棉花图》。这是以乾隆皇帝观视腰山王氏庄园的棉为背景而绘制的一套从植棉、管理到织纺、织染成布的全过程的图谱。

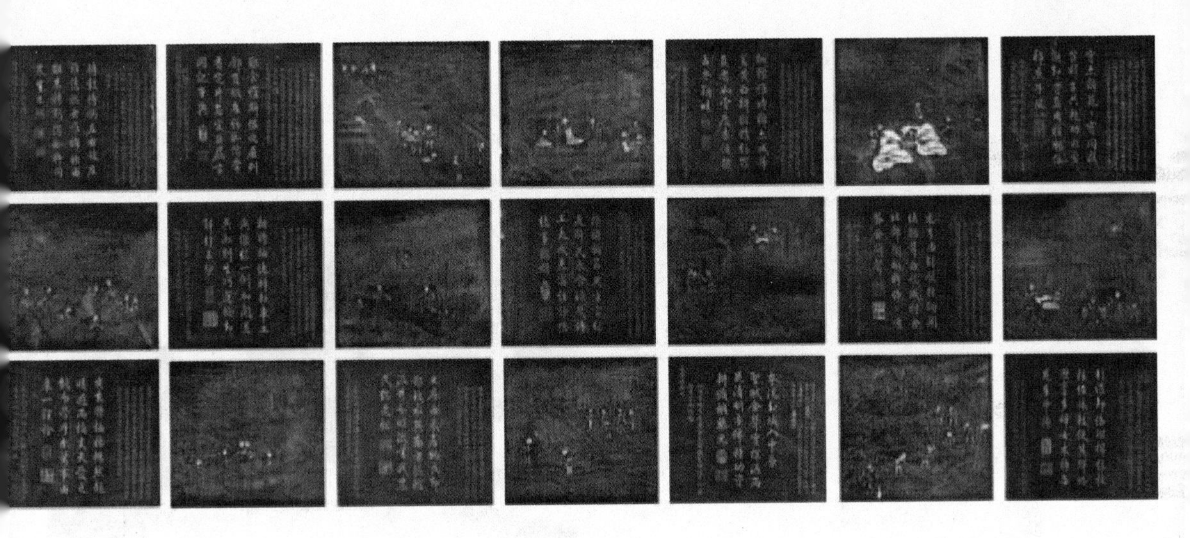

《棉花图》

方观承是安徽桐城人，在任直隶总督期间，勤于民事，整治水系，修渠筑坝，发展农田灌溉，且尤为关注棉事活动。

《棉花图》绘图16幅，计有布种、灌溉、耕畦、摘尖、采棉、炼晒、收贩、轧核、弹花、拘节、纺线、挽经、布浆、上机、织布、练染，每图都配有文字说明和七言诗一首，似连环画，其中还收录了康熙《木棉赋并序》。这是我国仅有的棉花图谱专著。方观承把《棉花图》装裱成册，呈送皇帝御览。乾隆帝为《棉花图》中每图题七言绝句，共16首。如“灌溉图”题诗：

土厚由来产物良，却艰治水异南方，辘轳汲井分畦溉，嗟我农民总是忙。

“织布图”题诗：

横律纵经织帛同，夜深轧轧那停工，一般机杼无花样，大辂推轮自古风。

因此，《棉花图》又称《御题棉花图册》。方观承还将《棉花图》包括乾隆的题诗刻在20块端石上。原石尚存在河北保定市莲池书院之壁间，现归保定市博物馆收藏。

棉纺织技术革新者——黄道婆

过去，东南沿海岛民用“卉服”和“织贝”进贡给中原的统治者，这是东南沿海岛上的特产，中原人较为稀罕。其实，早在汉朝，海南岛的黎族人和云南的傣族人都曾织棉布，并把这种技术向中国别的地区传播。在唐朝以前，发展到广西、广东、云南和福建等地。如广西出产的“桂布”，在唐朝被视为珍品，白居易有诗赞扬，“桂布白似雪，吴绵软于云。布重绵且厚，为裘有余温”，这种棉被的材料被称为“中棉”。

黄母祠

黄道婆雕像

黄道婆是中国历史上难得的一位女技术专家，她在纺织技术上的革新，使她青史留名，并且建祠以纪念之。

黄道婆出生在松江府乌泥泾（今上海徐汇区华泾镇）的一个贫寒之家，出生的时间大约在13世纪中叶，十多岁时被卖做童养媳，终日劳作，很辛苦，还受到虐待。为此，黄道婆从婆家逃离。为防婆家的人来追，她躲进黄浦江上的一艘船中，并随着船到了崖州（今海南省三亚市崖州区）。此后便流落在此地近卅年。她所在的黎族有种植棉花的传统，她在这里就向黎族人学习棉纺织技术。年岁大了，思念家乡，在元贞元年（1295年）便回到家乡。

松江地区是中国较早流行种植棉花的地区，并且也对棉花进行加工，不过加工技术很一般。黄道婆就开始对家乡的棉花加工技术进行改良，并传授从黎族人那里学到的技术。当时的乌泥泾已开始种植棉花，而黄道婆的技术正好有了用场。由于黄道婆的努力，乌泥泾的棉纺织技术水平有了很大的提高。在传授技术之时，她也对当地的设备进行了改良。对于棉花加工的第一道工序就是要去除棉籽。当地人都用手剥取棉籽，效率非常低。黄道婆便创造了一种去棉籽的车，效果很好。旧式的弹棉花的弹弓用的是细弦小弓，弹棉花慢。黄道婆则改成大弓，并且还用一个木槌，敲打弓弦来弹棉花，振动起来，力量很大，因此功效提高很多。旧纺车需要每次把一根线缠绕在一支纱锭上，而黄道婆改良的纺车是同时转动 3 支纱锭，纺 3 根线。新式纺车的功效提高了很多。她还采用了错纺、综线、配色、絮花等工艺，通过纱线交叉、调配颜色、提花等工艺，还能织出图案。

手摇单锭纺车

黄道婆改良的三锭纺车

黄道婆的技术无私地传授给当地的乡民，使当地的棉纺织技术水平有了极大的提高，经过不断的改进，终于创造出“乌泥泾被”，并成为闻名全国的优质纺织品。进而，松江地区还成为中国的一个棉纺织中心，到明正德年间（1506—1521）松江一天出产的布就达上万匹。18—19 世纪，松江布还远销欧美，真正实现了“松

黄道婆墓

江布衣被天下”的形势。松江人并未忘记黄道婆的功绩，她去世后，当地人为她下葬，还在港口镇（今上海闵行区内）建起黄母祠。在上海中学的校园内，学校的一座教学楼也被命名为“先棉堂”。1957年，当地政府还重修了黄道婆的墓地，竖碑纪念。

黄道婆纪念馆

其实，在黄道婆回到家乡之前，人们已经开始用棉布。据说，谢枋得（1226—1289）收到一些棉布之后，就写了一首诗《谢刘纯文惠赠木绵布》以酬谢之，此处摘录几句，即：

> 嘉树种木绵，天何厚八闽。
> 厥土不宜桑，蚕事殊艰辛。
> 木绵收千株，八口不忧贫。
> 江东易此种，亦可致富殷。
> 奈何来瘴疠，或者畏苍旻。
> 吾知饶信间，蚕月如岐邠。
> 儿童皆衣帛，岂但奉老亲。
> 妇女贱罗绮，卖丝买金银。
> 角齿不兼与，天道期平均。
> 所以木绵利，不畀江东人。

这里的“苍旻”就是老天爷，“角齿不兼与”是比喻，意思是：动物会生出长角或生出锋利的牙齿来保护自己，但没有一种动物是二者兼而有之。

“与五谷争功”的甘薯

甘薯

甘薯的名称有许多，如山芋、朱薯、红山药、番薯，明朝以后又增添了许多名称，如地瓜、红韶（苕）等。甘薯起源于热带的美洲。据说，哥伦布远航归来后初谒西班牙女王时，曾将由新大陆带回的甘薯献给女王。16世纪初，西班牙已普遍种植甘薯。西班牙水手把甘薯携带至菲律宾，传至亚洲各地。甘薯传入中国通过多条渠道，时间约在16世纪末叶，明朝的《闽书》《农政全书》、清朝的《闽政全书》《福州府志》等均有记载。甘薯系在16世纪末叶从南洋引入福建、广东，而后向长江、黄河流域等地传播。

从甘薯的来源说起，明万历八年（1580年），广东东莞人陈益（？—1592）在越南吃过甘薯之后，觉得很可口，他通过一个酋长的奴仆得到甘薯并带回国，他先在花园内试种，并繁殖起来。由于是从国外引入的，就命名为“番薯”。

另一引进甘薯者是陈振龙（1543—1619），他于1593年从吕宋岛（今菲律宾）带回来的。陈振龙是福建长乐人，在吕宋时看到，到处都种着甘薯，就从当地人手上得到几尺长的苕藤，并学会了种植、收获、藏种等技术。回国后，他就在住宅旁边的空地上栽种，而且还繁殖成功了。

还有别的引进甘薯者。清乾隆年间，广东吴川县的林怀兰医生，曾经到越南与广西交界之地，为越南守关的将军治好病，被推荐给国王，又治好了公主的病。在国王的宴会上吃到了可口的甘薯，后来又尝到生的甘薯，同样可口，就把剩下的半个带上。其实，甘薯是不能带出越南的，但由于将军要报恩就让林医生带出去了。林医生带回的甘薯很快就在广东开始种植。为了纪念林怀兰的事迹，当地人就为他建了林公祠，还让这个守关的越南将军来配祀。

林怀兰（左）和陈益（右）

类似的故事还有很多，甘薯来自于安南、吕宋岛，还有来自于爪哇、文来国（加里曼丹岛），等等。这些无名先民就不赘述了。可见，甘薯的引入之不易。据说，在甘薯引入之时，闽地正闹着饥荒，而甘薯的引入正好发挥出救荒的价值。在《闽书》中记载，甘薯种植“不与五谷争地。凡瘠卤沙冈，皆可以长，粪治之则加大，无雨，根益奋满。即大旱不治粪，亦不失径寸围”。可见，对甘薯的管理并不复杂。

从救荒上看，明朝徐光启对于甘薯种植极为重视，他曾经从福建引种过 3 次。他在试种过程中为甘薯总结出 13 个优点，如高产（一亩收数十石）、田间管理简便、“可当米谷，凶岁不能灾”，等等。到清朝，甘薯种植更加普遍，甚至连稻子和麦子不能生长的地方，甘薯成了此地的主粮。正如徐光启所指出的，“甘薯所在，居人便足半年之粮”。这样好的食物能不被更多的百姓所欢迎和重视嘛！特别是，由于产量不断地提高，大有“与五谷争功”之势！

马铃薯

马铃薯原产于南美洲安第斯山区，人工栽培史最早可追溯到 10000 年前的秘鲁南部地区。16 世纪中期，马铃薯被西班牙殖民者从南美洲带到欧洲。后来，法国农学家发现，马铃薯不仅能吃，还可以做面包等。从此，法国农民便开始大面积种植马铃薯。17 世纪时，马铃薯从欧洲传播到中国，是华侨从东南亚一带引进的。在 21 世纪，中国马铃薯种植

面积已位居世界第二位。由于马铃薯非常适合在粮食产量极低只能生长莜麦（裸燕麦）的高寒地区生长，很快在内蒙古、河北、山西、陕西北部普及。

徽宗赐名的玉米

玉米是禾本科的一年生草本植物，又名苞谷、苞米棒子、玉蜀黍、珍珠米等。原产于中美洲和南美洲，它是世界重要的粮食作物，广泛分布于美国、中国、巴西和其他国家。

玉米

如果说，欧洲文明是小麦文明，亚洲是稻米文明，拉丁美洲则是玉米文明。据考古发现，印第安人种植玉米的历史已有3500年。而早在9000年前，玉米文化的遗迹表明，古印第安人的狩猎活动在日益减少的同时，如何从采摘野果并逐渐过渡到人工种植玉米的过程。

玉蜀黍这个学名已经用的不多了，并且多是用玉米的称谓了。虽然玉蜀黍的别名很多，除了玉米大概就是苞谷和苞米了。由于玉米是从外国输入的，也曾被称为“番麦”；又由于皇帝品尝过，又被称为“御麦”，而这个皇帝就是宋徽宗。

1492年，哥伦布发现了新大陆，他当年回到欧洲就报告了一种新的作物——玉米，他写道：“有一种谷物叫玉米，它甘美可口，焙干，可以作粉。”通常，从逻辑上说，在1492年以前，除了新大陆之外，都是没有玉米的。

据说，在中国东北地区的玉米种植是在19世纪上半叶，一些“闯关东”的山东和河北农民逐渐多了起来，开始把它们所带去的玉米种子在东北大面积种植，并使东北成为玉米的主产区。

不过玉米推广种植之时，也出现了一些问题，特别是在山区。在乾隆年间（1711—1799），有一位名叫李拔的官员，他写过《请种苞谷议》，在山地栽培玉米。其他的山区，可能也受到其影响，但是，在种植过程中，对山地的植被多有破坏后，特别是在一些斜坡陡崖之处一下雨就冲坏田地，还堵塞了溪水和道路，水土流失严重。嘉庆十二年（1807年），政府开始奉旨查禁山地开荒。到了道光年间（1821—1850），一些人也研究在山地种植玉米的问题。后来包世臣在《齐民四术》中也对山地开发提出了一些看法，即分层开山，以保持水土不流失。

古代的玉米粉碎机

这位李拔是四川犍为县玉津镇人。清乾隆十六年（1751年）进士。历任长阳、钟祥、宜昌、江夏知县，福宁、福州、长沙知府和湖北荆宜施道台。他注意到，一些地方的居民不重耕织，造成生活贫困，为此提出了兴教化莫先于足衣食，足衣食莫大于重农桑，重农桑莫要于兴水利的措施并制定方案，督促各县“开河渠，治陂塘，勤播谷，广种树，儆游惰，尚节俭，禁停棺之恶习，惩好赌之颓风”。境内原不产棉、丝，李拔在其内署隙地试验种棉、养蚕成功。进而教民树桑植棉，故民知养蚕。为记下李拔的功德和政绩，福宁绅民特立“去思碑”以示怀念。

李拔题词

三、以技法助农绩

长期的发展使中国形成了有特色的农业传统，它的特点可归纳为“精耕细作”。重视提高土地利用率，提高单位面积产量，并且因时因地制宜，采用良种、施肥等措施，以使农业发展达到更高的水平。

犁耕和金属农具的问世

公元前 3000 年左右，在中原和江南都出现了犁耕技术。犁耕最早出现在扬越人的崧泽文化时代（前 3800—前 2900），以最早发现于上海青浦县崧泽而得名。所谓犁耕，在木犁架上装石犁头而制成的木石犁。到良渚文化时代（前 2800—前 1900），以最早发现于浙江余杭县良渚而得名。木石犁在太湖流域和杭州湾地区盛行起来。犁耕技术显著地减轻了繁重的水田耕作的劳动强度，使得先民们可以腾出时间来发展桑蚕和丝绸业。

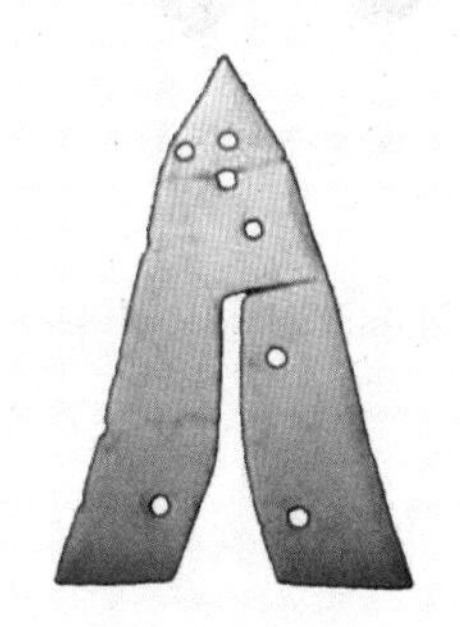
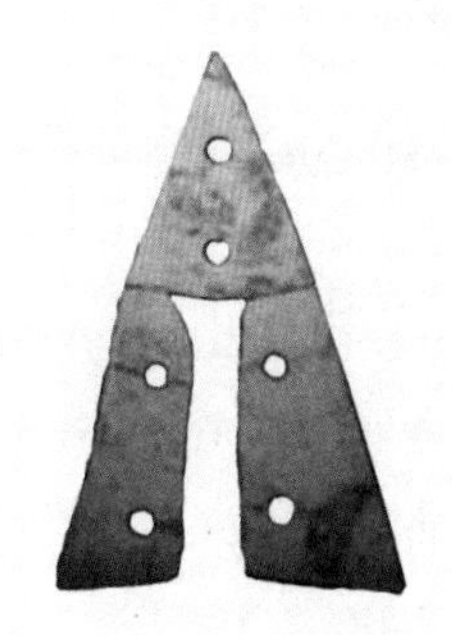

崧泽晚期的分体式石犁

距今 5000 年前的江南木石犁

木石犁是从耒耜和锄头逐步演变而来的。当时江南制作的石犁头，形状扁薄，平面呈等腰三角形，刃部在两腰，夹角在 40°—50°，一般用片页岩制作，中央开有 1—3 个孔，以便穿绳捆绑把犁头安装在木犁床上。

犁问世后，有很长时间是要人力牵拉的，这是一件很辛苦的工作。尤其在水田里的作业，双足陷在水田里，拖泥带水，行走不便，使劳动者十分劳累。大概到了商朝才发明了牛耕。在商朝的甲骨文里，犁字的形象是牛拉着犁，一些小点象征犁头翻起的土块。

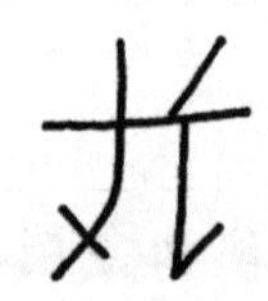

商朝甲骨文里的“犁”字（人拉犁）

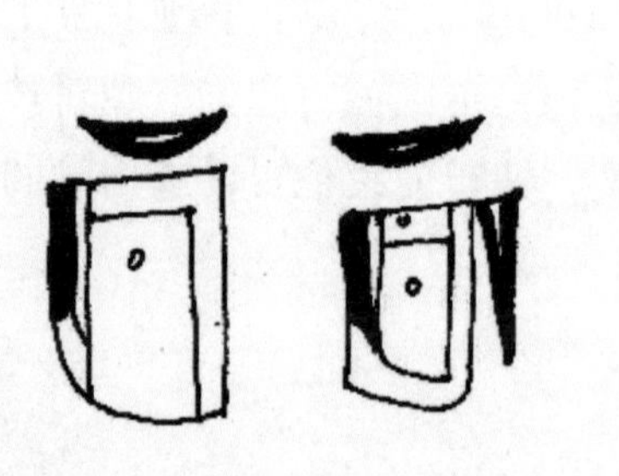

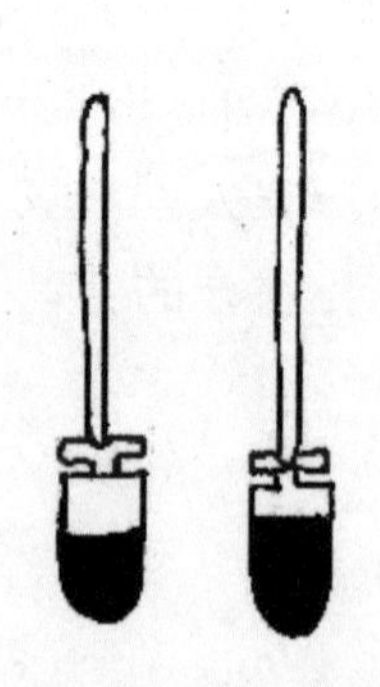

盘龙城商朝城堡遗址的铜耜套尖（左）和它们装上木柄的复原图

公元前 3500 年，中国进入铜石并用时代，那时铜还相当稀少而昂贵，舍不得用来制造农具，主要用来制造兵器和手工工具。到了公元前 2600 年，中国进入青铜时代，才逐渐有用铜来制造农具的。甘肃玉门市火烧

火烧沟遗址的铜器

沟遗址出土了一件红铜镰刀，可能是夏商之际的制品。湖北武汉黄陂区叶店村盘龙城商朝城堡遗址出土铜耜套尖。上海博物馆也珍藏着一件青铜双齿耒，已是西周时期的制品了。

中国人炼铁，起初都用块炼铁，产量也不大，只能用来制造一部分兵器和手工工具，还谈不上用铁来制造农具。到了春秋时期，中国发明了铸铁冶炼技术，产量大增，又发明了利用熟铁块渗碳制钢技术和铸铁柔化术。铸铁的出现要比西方早 1900 多年，西方晚到 14 世纪才能铸铁。这些新技术促进了铁制农具的普及，是中国在世界上进入发达国家行列的物质基础之一。

火烧沟遗址青铜铲

火烧沟遗址的骨柄铜锥

代田法和三脚耧

赵过是西汉时期的农学家。由于汉军南征北战，汉武帝还大兴土术，以致国库空虚。后来，汉武帝对于过度征伐有所认识，为此提出“方今之务，在于力农”的观点，因而大力发展农业。为发展农业，董仲舒曾经向汉武帝建议，在关中平原播种冬小麦。为此，汉武帝还任命赵过为主管农事的搜粟都尉，让赵过在关中一带推行“代田法”，并且改良农具。

赵过

为了进一步提高耕作水平，赵过曾提出了一种全新的农作制度——代田制（也称为“代田法”）。而代田法来源于“甽（quǎn，田间的小沟）亩法”的技术。其实，在作物栽培技术的发展过程中，早期的“点耕”和撒播种植使长出的作物的苗到处都是，像满天繁星，中耕除草颇感不便，也不利于作物的通风和透光，对于作物生长和收成都会产生不利的影响。

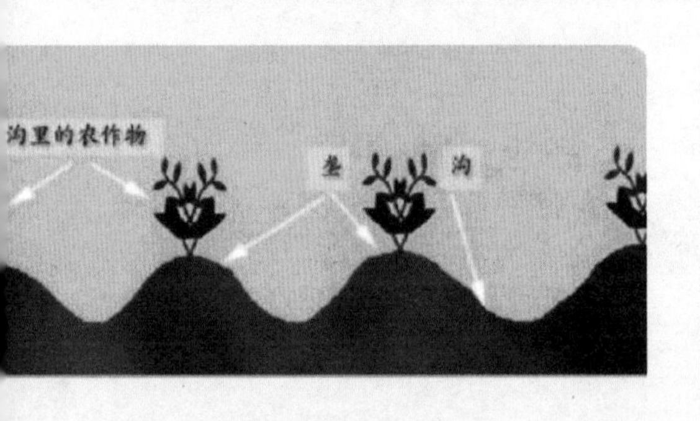

甽亩法

新的垄作法是一种分行栽培技术，至迟在春秋时期就已经被中国的先民所采用。如《诗经》中已有“禾役穟穟”的描述。这种分行栽培技术起源于一种“甽亩法”的技术。这里的“亩”就是在田里起垄，垄就被称为“亩”；垄与垄之间就会出现沟，这个沟就被称为“甽”。在早期，在这种“甽”和亩上作业的情况便被称为“役”。因此所说的“役”的作业方式就是分行栽培的作物中进行的。这种“甽亩法”在战国时期已经成熟，此后就基本上实行分行栽培的耕作方法了。对于分行栽培的合理性，在《吕氏春秋》中也有论述，作者认为，这种方法有利于作物的快速成长，并且这种纵横之行列，保证风从其中通过，也利于采光。因此，提出农作物在播种之时设置严格的行距和株距。此后，这种垄作方法又演变为“区田法”。其实，分行栽培技术的初衷是为了田地的保墒和排涝，后来又

汉朝时的锄地技术——分行栽培

发现，这种垄作法更易于田间作业，对于推行耧车、耧锄和粪耧等农具都是有益的。

《汉书·食货志》对此作了精辟的概括：“一亩三圳，岁代处。”“圳”就是沟。根据不同的地势，在 90 尺宽、96 尺长的田地上，开 45 条长为 96 尺的沟。这个垄沟的断面为深 1 尺、沟和垄各 1 尺宽。在沟内种植作物，幼苗在沟内时，既可保证一定的光照，又可保持一定温度，使作物的耐旱能力增强。在除草时，还可以顺便将垄土培在苗根部，及将垄消沟平，作物的根就可以扎得较深。来年耕作时，可将沟与垄的位置互换；待下个来年再调换。这就是“岁代处”的意思。这种耕作方法可使土地适当休耕，并在更大程度上提升地力，提高产量。

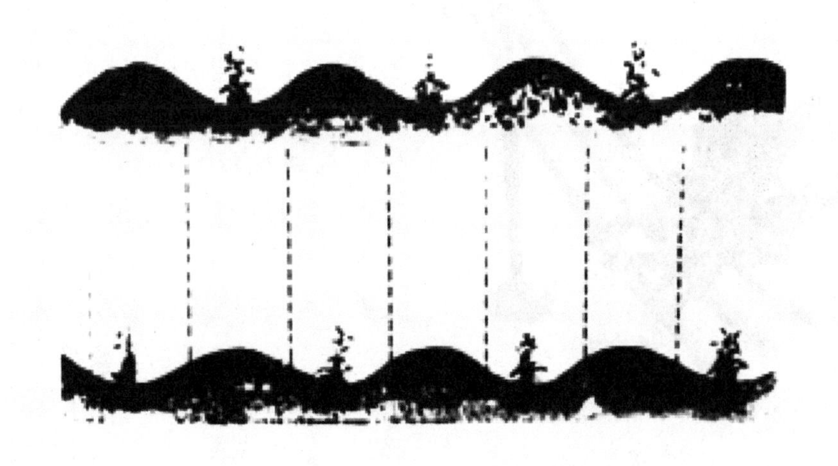
代田法

耦犁

为了使代田法的推广有确实的把握，赵过曾做了长期准备和细致安排，他有计划、有步骤地进行了试验、示范和全面推广等一系列工作。

赵过先在皇帝行宫和离宫的空闲地上进行试验，使汉武帝看到，代田法的确比其他的作业方法优越，能使每亩田地可增一斛（hú，合十斗），并开始推广。后来，赵过设计和制作了新型配套农具（如三脚耧），为顺利推广代田法创造了条件。此外，赵过还运用行政手段要郡守命令县和乡的长官、三老和力田（地方小农官），以及有经验的老农学习新型农具和代田耕作的方法，大力推广代田法。赵过还组织一些人先在田里做示范，再推广，使许多农民都采用代田的耕作方法。

三脚耧

赵过推广代田法所取得的“用力少而得谷多”的效果，这还与他曾设计、创制和使用了“皆有便巧”的农具，并传授了“以人挽犁”和“教民相与庸挽犁”（《汉书·食货志》）等措施大有关系。赵过向全国推广耦犁（即二牛三人的办法），使铁犁和牛耕法逐渐普及。赵过所创造的新农具和新耕作技术，不只是对于汉朝农业发展产生了积极的作用，在古代农业科学技术的发展史上也占有重要的地位。

在耕种过程中，播种是一个重要的环节。关于播种的机械大约发明于汉朝以前，这就是耧。赵过在一脚耧和二脚耧的基础上发明了三脚耧。

在山西平陆枣园村汉墓中的壁画可以看到三脚耧的播种情况。贾思勰的《齐民要术》中也讲到三脚耧的作业情况，即一人同时挽耧下种，可“日种一顷”。在一些博物馆中，展示着今人复制的三脚耧模型。从外形可以看到，前部为驾牛的双辕，中部为耧斗，后部为犁柄。耧有3个“脚”，是3个开沟用的小铁铧,铁铧后部各有一孔,并各插入一个木管(即耧腿)，与盛装籽粒的耧斗相通。在耧斗内还装有一个小闸板，用于调节闸口，以适应籽粒的大小和土壤的干湿。在耧后的木框上可用两股绳子悬一方形木棒，横放在笼头上，播下种子之后就将小沟抹平。这种将开沟、下种、覆盖一步完成的技术在当时属世界领先的水平。元朝对这种三脚耧进行了改进，又加了一道施肥的工序。

随着代田法的推行，旧耕作方法逐渐被淘汰，赵过所创的农具和耕作新法不断得到更大规模的推广，粮食产量也得到了增长。

陆龟蒙和江东犁

古代，最平常的农具当属耒与耜，这是两种很原始的翻土农具，后来发展了的耒耜，有一人的“力田”，还有二人的“耦耕”，或三人或多人的“劦（协）田”。初期的犁仅仅是将原来耒耜一推一挽，改为连续推挽。随着农业的发展，金属工具和牲畜也用于田间作业，耒耜发展成犁，战国时期还出现了铁制的耕犁。汉朝的铁犁已有许多类型，其中犁壁的作用最为显著。犁壁不仅可以翻土和碎土，而且可以使土向一侧翻去。这种翻转可将杂草埋压在土下，欧洲的犁直到11世纪才装上这种有侧翻作用的犁壁。

舌型大铧和犁壁

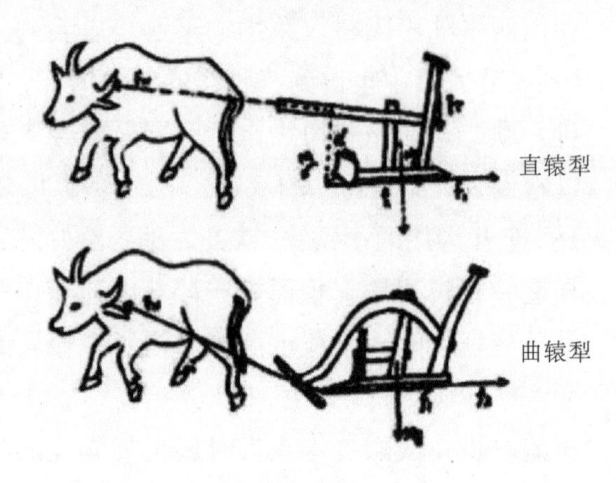

直辕犁和曲辕犁的对比

到秦汉时，犁已具备犁铧、犁壁、犁辕、犁梢、犁底、犁横等零部件，但多为直的长辕犁。回转太不灵便，尤其不适合在南方水田里使用。“安史之乱”以后，中国的经济重心开始移向南方，南方农民也采用精耕细作的方式。南方人创造了一些先进的农具，这大大促进了农业的发展。唐朝时直的长辕犁也改进为曲辕犁，并在江东一带（指江南的东部地区）被广泛使用，因此这种犁也被称为“江东犁”。唐朝曲辕犁可视为中国农具史上一个里程碑。

皮日休和陆龟蒙

唐朝诗人陆龟蒙（830？—881）字鲁望，吴郡（今江苏省苏州市）人。他的藏书甚多，史称他“癖好藏书”，家中收藏多至3万卷。他喜欢书，每得一珍本，熟读背诵后加以抄录，并多加校雠后再行抄写，以至于每书有一副本保存。年轻时已通六经大义，尤精《春秋》。在举进士不第后，他隐居松江甫里，人称“甫里先生”，也是唐朝隐逸诗人的代表。他与皮日休为友，世称“皮陆”。

陆龟蒙置园顾渚山下，常带着书、茶、笔，乘船游江湖之间。后封官左拾遗，未到任即卒。

陆龟蒙农学上的造诣匪浅，他撰写的《耒耜经》是一部描写中国唐朝末期江南地区农具的专著。书中对精耕细作的技术体系提出了“深耕疾耘”的原则，还记述农具4种，除江东犁以外，还有爬、礰礋（lì zé）和碌碡（liù zhou）。特别对“江东犁”的各部构造与功能做了记

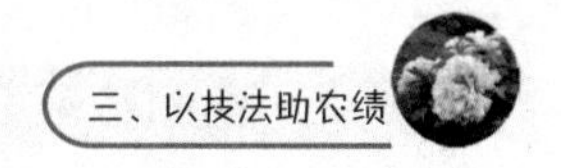

述和说明，是研究古代耕犁最基本和可靠的文献。

曲辕犁为铁木结构，由犁铲、犁壁、犁底、策额、犁箭、犁辕、犁评、犁建、犁梢、犁盘等 11 个零部件组成。《耒耜经》中提及的犁铲和犁壁均为铁制。这种犁在许多博物馆中均可见到。例如，在中国科技馆华夏厅还可借助光电技术演示“操作”过程，对照实物可以看出，犁铲用于起土，犁壁用于翻土，犁底和压铲用于固定犁头，策额保护犁壁，犁建和犁评用于调节耕地深浅，犁梢控制宽窄，犁辕短而弯曲，犁盘可以转动。

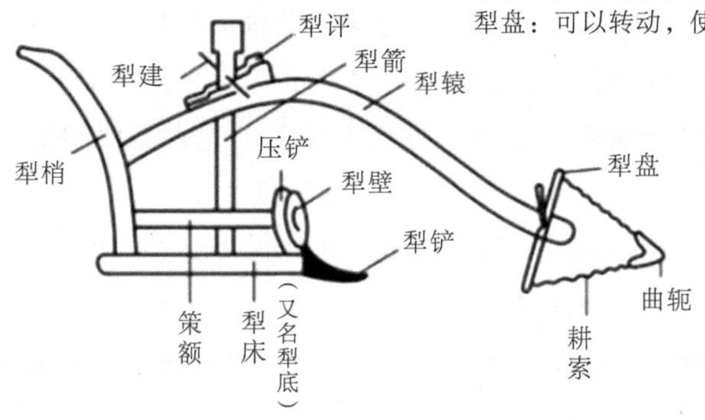

犁的各部分功能

整个犁具有结构合理、使用轻便、回转灵活等特点，它的出现标志着传统的中国犁已基本定型。陆龟蒙还对各种零部件的形状、大小、尺寸的详细记述，十分便于仿制流传。江东犁的构造合理，很轻巧，操作很灵便，而且容易控制入土的深浅，起土省力，因此有较高的效率。现代犁与江东犁大致相似。从历史的记载看，到工业革命以前，中国古代耕犁的发展一直是处在世界的前列。

奇妙的“木连理”现象

木连理现象

在司马迁在《史记》中记述了一个“桑穀（gǔ）之祥”的故事，即“帝大戊立，伊陟（zhì）为相，亳有祥，桑穀共生于朝，一暮大拱”。这段文字的大意是，在大戊的时代（有人认为是在武丁时期），王都亳地出现了大吉祥的征兆。

一天傍晚，竟然有一棵老桑树与一株老楮树合抱在一起。古人认为，这是个大吉兆，或“奇兆”。为此，上帝选中的是伊陟，并托梦给他，使他当上了大戊王的相，并显示出上天的护佑。而这种“吉兆”就是出现了一棵“合欢树”。这虽然是一种自然现象，但较为罕见。这种“合欢树”也被称为“木连理”。从这种“祥桑”之说可反映出，人们重视桑的“祥”，是它能织出美丽的织物，统治者也是大力提倡的。后来，在《管子》中也有类似的记载，“伊尹从亳之游女工文绣，纂纫一纯，得粟百钟于桀之国”。亳都不只是蚕桑之发达，还有一些心灵手巧且善于缫丝织丝绸的女工，手艺好，可织出一匹绸子，要用十担谷来交换。

木連理謳
魏 曹植
皇樹嘉德
風靡雲披
有木連理
別幹同枝
將承大同
應天之規

曹植《木连理讴》

在中国古代，把“木连理”视为一种“祥瑞”，因此，如果在某地发现这种“木连理”现象就要层层上报，甚至在古代还有一种“报瑞”制度。

对这种“木连理”的稀有现象，甚至像三国时期魏国的大文学家曹植还写过诗赞《木连理讴》：

皇树嘉德，风靡云披。有木连理，别干同枝。将承大同，应天之规。

不过这种“木连理”见得多了，或许会对人们有所启发。例如，氾胜之记载的把10棵瓠苗共1棵，并且把那9棵掐掉，而9棵秧的营养给了1棵。可见这种技术之早。在氾胜之后，又过了几百年，贾思勰在《齐民要术》中，明确地将同一作物的嫁接技术发展到不同的作物之间的嫁接，并且由追求结出较大的果实而发展到可较早地结出果实，甚至利用嫁接技术改良果实的质量（如口感）。

嫁接桑树的技术

贾思勰在《齐民要术》中树木的嫁接已用在了桑树之上，并介绍了压条技术和用桑树种子播种之法。贾思勰写道：“桑椹（shèn，即葚）熟时，收黑鲁桑，即日以水淘取子，晒燥。仍畦种……明年正月，移而栽之。”贾思勰还做了比较，即“大都种椹长迟，不如压枝之速。无栽者，乃种椹也”。

从贾思勰的表述可以看出，桑农植树时，如果已无可作压条的桑树才播种桑椹。这种情况虽历经隋唐的300多年，桑树种植的情况依旧，北宋时才有所改观。从贾思勰的记述可知，北方的农人对于鲁桑的优良性能已有认识，并流行着“鲁桑树一百，多绵又多帛”，即贾思勰的“鲁桑百，丰绵帛”。可以想见，鲁桑是较为流行的优良品种。

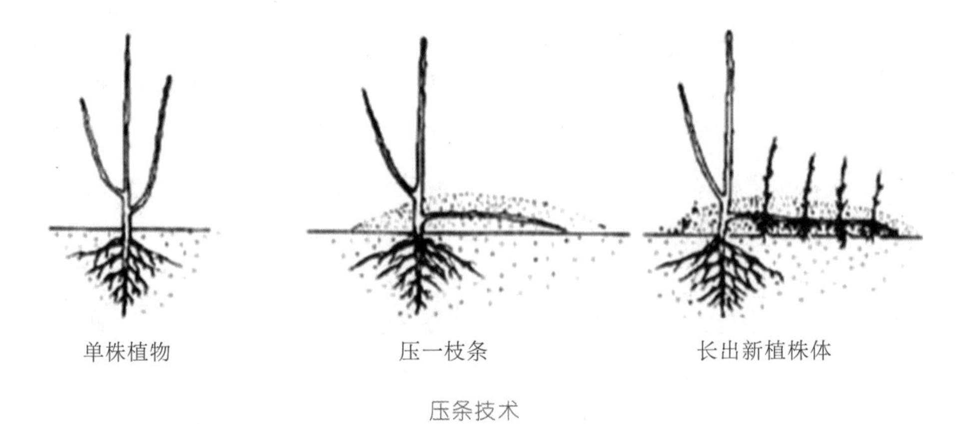

压条技术

北宋末，温革写《分门琐碎录》，其中有“种桑法”。他写道：“浙间植桑，斩其桑而栽之，却以螺壳复其顶，恐梅雨侵其皮也。二年即盛。”而稍后的《种艺必用》是南宋吴怿所写，他对这样的嫁接后的桑树，赞扬有加。他写道：“榖上接桑，其叶肥大。桑上接梨，脆美而甘。”这里说的“榖”与桑是同科植物，用榖树作为砧木，其上接好桑枝，利用这样的种间杂交的技术，能培育出新的桑树品种。由这些记述看，如此做法已成为较为成熟的经验。这种桑树枝的品质要比较好，借助这样的桑枝来改良桑树的品质也的确是可行的。这种发明于北宋的改良之法在南宋才流行开来，并且得到朝廷与民间的重视。

鲁桑　　砧木嫁接

从耕作方式看，在北方还流行一种粮桑间作方式，即在桑树之间播种粮食作物，山东临朐地区至今仍在流行。由于这种高大的乔木生长期长，并且一直采用播撒桑椹和压条分根茎的传统方法，如果只是为替换不多的桑树是完全可以的。随着经济的发展，特别是国家要在东南地区快速发展桑蚕业，原来种植这种高干乔木的传统方式就不能适应这种新的要求了。为此，必须推行新的方法，即把北方的嫁接方法推行到南方，并且改变原来的粮桑间作的方式，建以桑为主的桑园。为了普及这些新的技术，在《农桑辑要》和《王祯农书》中也都有较为详细的嫁接桑树的方法。

由于战争不断，使原来“河北衣被天下，而今桑织皆废”。这样，蚕桑业的中心迁到南方，并且在桑树实行嫁接的方法被南方人所发扬，很快杭嘉湖地区就推行开来，使杭嘉湖地区的桑蚕业发展得较快。在元朝之前，这一地区的桑树种类不到 10 种，而到了明中叶增加到了 13 种，到明末清初又增加了五六种。这也说明，嫁接之法已很成熟，并且流行较广，正如明朝学者黄省曾（1490—1540）所记述的，“有地桑出于南浔，有条桑出于杭之临平”。黄省曾的说法是有道理的，而从较大的区域看，“湖桑”是湖州地区的名品，已在世界上很知名。

圩田与葑田

南宋“圩田”（太湖流域）

隋唐统一后，北方经济一度得到复苏，而东南地区的发展势头未减。而安史之乱后，中原人口再一次南迁东南后水利设施普遍兴建，不久就成为全国经济重心所在。韩愈说：“当今赋出天下，江南居十九。”而东南尤以太湖流域常州、苏州和湖州这 3 州为最，后又经五代吴越王钱镠（852—932）对太湖流域水系做全面整治，形成了“五里一纵浦、七里十里一横塘”的灌排系统，还大力修筑圩田，于是“百年间，岁多丰稔”。两宋时期东南人口高度密集，为造耕地，搞围湖和垦殖海涂。吴中一带，“四郊无旷土，随高下悉为田”（《吴郡志》）。南宋时北人南迁，小麦种植获利倍于种稻，于是刺激了东南农户，“极目不减淮北”（《鸡肋篇》）。一般农家均推行稻麦复种制，亩产大为提高。当时的苏州、常州、湖州和秀州（今嘉兴）这 4 州是全国的粮仓。

关于圩田，杨万里注意到南京附近地区的圩田生产，并写下了一首《圩田二首》：

周遭圩岸缭金城，一眼圩田翠不分，行到秋苗初熟处，翠茸锦上织黄云。

三国时的东吴重视农业生产。“废郡县之吏，置典农、督农之官”，在太湖流域大力屯田。中原人移居东南，并将山区越人移出到平原后列为编户，为东南农业提供了技术和劳力。到东晋和南朝时，北方人南移，并大规模兴办水利，开辟农田，使东南地区更为发达。这也使农田价格上涨，“膏腴上地，亩直一金”（《宋书·孔季恭传》）。根据文献记载，

今“圩田”形成的桑基鱼塘（太湖地区）

最早的圩田技术在公元前5世纪，吴国人开始利用江湖滩地，他们“筑圩”于固城湖；越国人也有类似的做法，他们在淀泖湖来“围田”。这种造田的方式，后来还被人们推广到围湖围海和治水营田之上。在清朝，陈瑚写《筑圩田说》，展示了其研究成果。

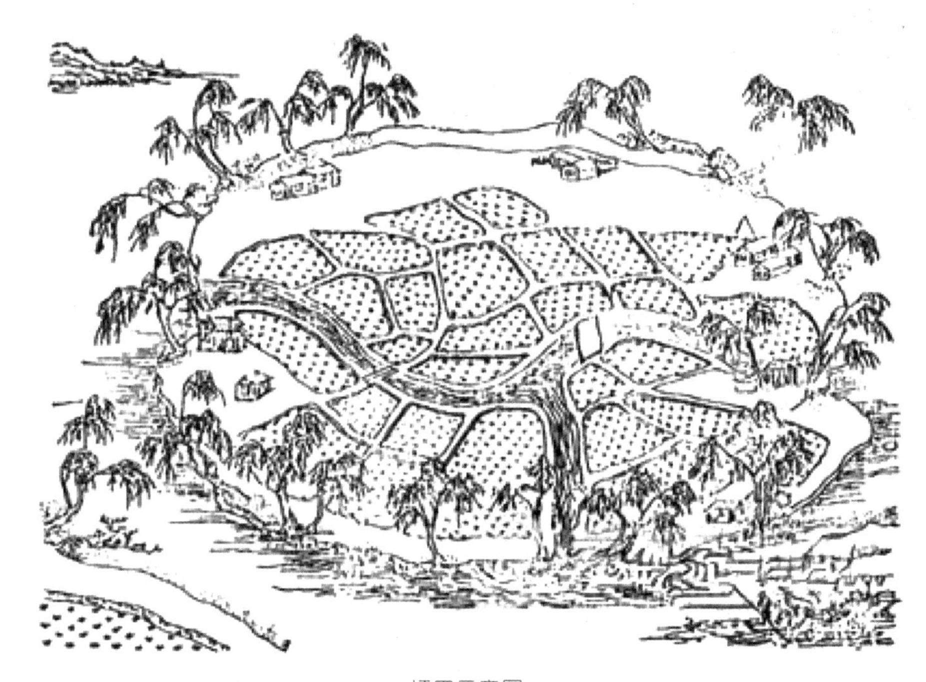

圩田示意图

按照古代对于土地等级的划分，像改造成圩田的低洼湿地，水生动植物滋生，并腐烂其中，低洼之地被列为9个等级中的最低的“下下”的级别。其实，低洼之地势，造成其中的腐败的动植物，反而使土地的肥力很高，可利用的价值也更高。所谓“圩田”，古人的解释是“圩者，围也”。这种垦殖土地的成果，是古人对自然环境认识和改造的一个成果。当然也要看到，由于外围有水，必须要赶在汛期之前，种上水稻，并且还要保证在汛期之前收下庄稼。因此，这种耕作方式是有一定的风险。如果在收获之前，大雨连连，洪水下来了，农田被淹没，粮食就真的“泡汤”了。

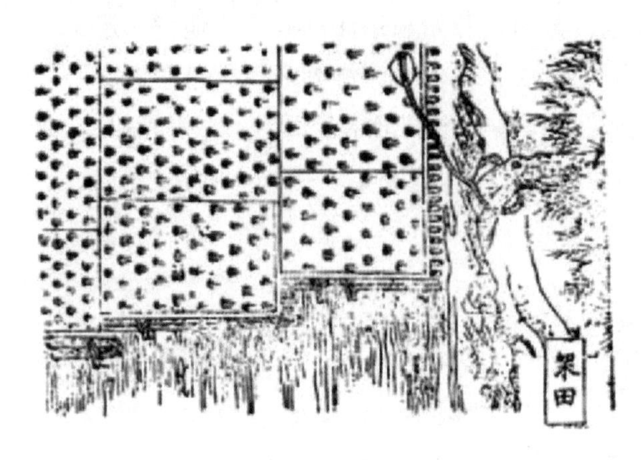

架田示意图

整治国土，还有一种为在山区种植而改良的田地。宋朝农学家陈旉认为，对于这种田地要作一些工程，“必须高下都得其宜”。在高山上作陂塘，以解决灌溉问题。如果是积水较深之地，可利用“葑田”的方式。所谓葑田，有两个意思：湖泽中葑菱积聚处，年久腐化变为泥土，水涸成田，是谓“葑田”。或者，将湖泽中葑泥移附木架上，浮于水面，成为可以移动的农田，叫葑田，也被称为“架田”。在此陈旉指的是后者。他写道：“若水深薮泽，则有葑田，以木缚为田丘，浮在水面，以葑泥附木架上而种其上。其木架田丘，随水高下浮泛，自不淹溺。”这样，葑田又称为“架田”。由这段话可见，这是架在水面上的木架，进而形成一种耕种的方法。

《陈旉农书》中的这种作业方式是最早被记录下来的。据说，在墨西哥城附近的阿兹特克地区就有一种“浮田”，像是被架起来的。农民用芦苇制成筏子，上面加泥土，可种植蔬菜或玉米。这种“浮田”与“葑田”有相似的结构和形式，使有些学者联想，新大陆和旧大陆是不是真的存在一个通道，使人们早在哥伦布发现新大陆之前就有些交流呢？

架田

“地力新壮”话肥料

早在远古之时，人们就注意到，某块地种植的庄稼若持续若干年，庄稼的收成就会减少了。这就是人们常说的“地力”降低了。人们也很早就针对这种现象提出了一些恢复地力的方法。关于土壤肥力的理论，在《陈旉农书》中，陈旉提出了自己的看法，即“或谓土敝则草木不长，气衰则生物不遂。凡田土种三五年，其力已乏。斯语殆不然也，是未深思也。若能时加新沃之土壤，以粪治之，则益精熟肥美，其力当常新壮矣，抑何敝、何衰之有？”陈旉认为，地力衰耗（“土敝”）则草木就长不好，气力衰竭（“气衰”）则动物也长不好的。这应是“一般”规律。但是，具体到田地来说，种上三五年都会出现地力已“乏”的现象。这就是“土敝则草木不长，气衰则生物不遂”的一般情况。而陈旉认为，这些话不妥，这是由于“未深思”形成的结论。为此，他提出了一些措施，并且如果施肥得当的话，田地就可以常年保持“新壮”的状态。为了改良土壤，或者为了避免“地久耕则耗”的状况，最常用的办法就是施肥。

古人挑大粪送到田里

说到施肥，就要从商朝初期说起，名相伊尹在面对当时出现的旱灾，他发明了“区田法”的耕作技术，并且“教民粪种，负水浇稼”。可见，早在3000多年前，农民已开始在地里施用肥料。或许，这还不是最早的，因为在原始社会的晚期，人们已经逐步放弃了成片撂荒的情况，为防止长期使用土地耕作会大量地消耗地力的情况，而施用粪肥则是一个有益且有效的途径。

据说，“粪”字在甲骨文中已经出现，它的意思是，如果施用某些物质到田地之中，可以恢复地力，而这种物质就被称为“粪”。粪字的含义并不复杂，也基本上没有什么变化，只是为了区别其来源，常用一个词组来显示其成分或来源。例如，“草粪”是指野生的绿肥。如果是栽培的绿肥，则称为“苗粪”。类似的还有，“火粪”“土粪”，等等。这些不同种类的“粪”都可增强地力，古人已知将用地和养地相结合。在春秋战国时期，“粪”对于农作物生长的作用，已经被人们认识到了。人们就用青草、树叶的烧灰作肥，还有草皮泥、河泥、塘泥以及水生萍藻都可被收集起来。作为生产和生活中的废弃物，如人畜粪溺、垃圾脏水、老坑土、旧墙土、作物秸秆、糠秕、老叶、残渣、动物的皮毛骨羽等，也被收集起来充当肥料。这些有机质经过处理而制成的肥料有动物粪肥、饼肥、土渣肥、绿肥、骨粉骨灰制的磷肥、杂肥等。例如，荀子指出，“田肥以易，则实百倍”。这就是说，利用（粪）肥，可以美田地，增加产量。作物生长需要土和水，到了东周，人们把肥田也看成作物生长的重要因素了。如荀子认为，“多粪肥田”，乃至可以富田。韩非子也有类似的认识，如“积力于田畴，必且粪灌”。

秦丞相吕不韦在组织门客编写的《吕氏春秋》之中也有更加总结性的看法，即“地可使肥，又可使棘”的措施。它的意思是，从土地自身看，

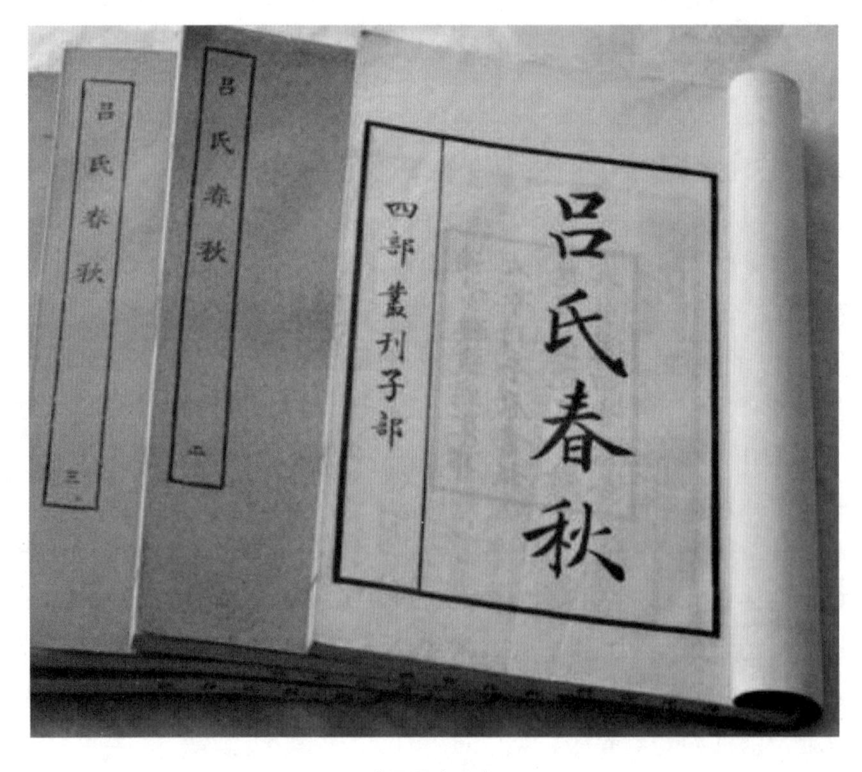

《吕氏春秋》

可分为肥与棘的不同，但是，人力可以改变土地的性能。而东汉思想家王充则有更加明确的观点，土地的肥沃和贫瘠是它的自然本性。肥沃者可使作物生长丰茂，而贫瘠者则需要“深耕细锄，厚加粪壤，勉致人力，以助地力，其稼与彼肥者，相似类也”。这里，王充发挥了《吕氏春秋》中“地可使肥”的看法，这就使人们重视对贫瘠土地的改良，使它的肥力增加，更加有利于作物的生长。具体地讲，要施用各种肥料，即增加肥料的种类，改进施肥的方法。王充的这种认识或许是他作为生活在南方（浙江）之地的居民，由于一年两熟或水稻单产较高时，对于改良土壤、增加地力的要求更加迫切了。而陈旉的观点是继战国时“地可使肥，又可使棘”和王充提出的“勉致人功，以助地力”等土壤肥力说之后的又一发展。

如果古人的土地利用率不断提高还能保持地力不衰，除了精耕细作和合理的轮作倒茬之外，施肥是给农作物生长创造良好土壤环境的重要措施。“惜粪如惜金，用粪如用药”，通过施加肥料补偿地力，提高土壤肥沃性，实现稳产增产的目的。在《陈旉农书》中，陈旉还阐述了不断开辟肥源、合理施肥、注重追肥和改造施肥农具等措施的重要性，至今仍值得参考和借鉴。

对于粪肥的来源，人们要千方百计地去获取。例如，对人工积累和制取粪肥，最重要的办法就是制作栽培作物为绿肥，借助此法收集腐草败叶、米糠、茎秆等，积制踏粪，类似于今天的堆肥或沤肥技术。还有烧制“火粪”之法。这类似于今天的“熏土”，即一些为取暖而烧炕形成的肥料等。诸如此类，不一而足。此外，在《陈旉农书》中，陈旉还注意到一种“粪药”的技术。所谓“粪药”就是“用粪如用药”的简称。这里的“药”是考虑到土地不同的状况或性质，采取有针对性

江南人粪的收集与运输

的措施，采用更加适宜的时机施用适宜的数量。这样的做法，无疑会收到更好的肥效。这样的做法也使施肥人员对于施肥过程采取更加灵活的办法，而不是一成不变地去施肥。正是“时加新沃之土壤，以粪治”的措施，体现着“地可使肥”的理念。如果能持久地坚持下去，肯定是可以达到“地力常新壮”的目标的。此外，轮作、倒茬，也是有助于达到“地力常新壮”的目标的。

烧荒

几千年来，中国人还施行“烧荒”的措施，而以云南的景颇人为例，烧荒的好处在于，当地的红土显酸性，而草木灰的碱性可以改良土性。大火把草籽和虫卵烧死，几乎不需要除草治虫。耕种时间越短，树根就越容易复生，植被越容易恢复，水土流失越少。每年新烧的都是已经恢复了“地力”的土地，这就保证了地力的常新。这使百姓既有地可种，又有山林可供采集狩猎，与自然形成一种和谐的状态。

关于保持地力的做法，明清时的《沈氏农书》的作者对农学研究别具一格，他重视对农事活动的核算。例如，在核算之后，他认为，单纯养猪是不划算的，但考虑到，养猪能得到几百担的粪肥，则还要养些猪。这样，农家诀，就有“养猪不赚钱，回头看看田”。作者的核算使人们就能得到一些应该采取的措施，围绕养猪进行一些相关的活动，使总的农事相关的作业成本降低。为此，沈氏提出，在家里养猪，可以利用当地生产酒，把一些酒糟和大麦来喂猪；如果在田场能自己酿酒，酒糟就不用买了。所生产的烧酒可赚些钱，酒糟用于养猪，也能省下不少成本。这些经营如果得法，都能赚钱。可见，讲究经营之道之重要。类似的算法在《齐民四术》中也有，即“植麦者耗粪工太甚；宜三分之，以二分植麦，一分植菜子。菜子冬春之交采充蔬，多可卖；亩收子二石；可榨油八十斤，得饼百二十斤，可粪田三亩……”。

但是，现实是，小农经济规模小，粪肥有限，真正提高地力，谈何容易。

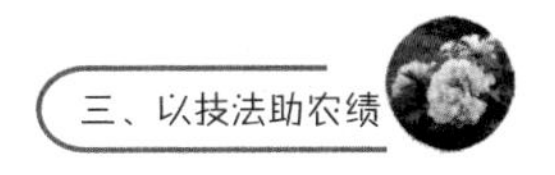

“一岁数收”话天时

对于一块地，在一年之内只收获一次或年收获数次，所得到的收益是不同的，因此“一岁数收”就一直被人们所尝试着，特别是在南方，在冬季时天气依旧比较暖和，一定有一些勤快的人会尝试着再多种上一茬庄稼。这种尝试在元朝时已有人进行尝试了，而“一岁数收”的概念则出现在18世纪下半叶，这种说法最早出现在《知本提纲》和《修齐直指》，它们的作者名叫杨屾（1699—1794）。所谓“一岁数收”也被称为“多熟种植”是指在一年内可收获两次或两次以上的种植技术。这种“多熟”可有两种形式：复种和轮作的作业方式。

杨屾是陕西兴平人。他一生在家乡教书，并且进行农业试验。讲课之时，他提出了“一岁数收”的观点。当时，在陕西可以实行两年三熟，一些地方还可以一年两熟。但是，杨屾认为，如果技术改进得法，可以一岁数收，他建议他的学生郑世铎和齐倬（zhuō）分别对于一年三收、两年十二收进行试验。对于一年三收的作业的顺序是这样的：

年份	种植顺次
第一年	大蓝、小蓝→粟→小麦
第二年	小麦→小蓝→粟
第三年	同第一年

其中，“大蓝、小蓝”的具体的做法是，二月种大蓝，四月套入小蓝。可见，这个“一年三收”采用的是轮作之法。

“两年十三收”要复杂些，先后种植和收获的是：

菠菜→白萝卜→蒜薹→大蒜→小蓝→谷子→小麦→菠菜→白萝卜→蒜薹→大蒜→小蓝→谷子。

其中前6种是两年内要重复的，即种植两次，再加一季小麦。由此可以看出，这种做法是菠菜占的比例比较大。

在此之前，已有人对于一岁数收进行实际的耕作。这是发生在元太宗十年（1238）的“数收”措施。在这一年发生了大旱加蝗灾，在一本《务本新书》（已佚）中记载了为度过荒年而采取的“御旱济时”的措施。具体地讲，采用“区田”之法，种上几亩地，但要对这几亩地再作小块（“区”），小块大约是1.5尺×1.5尺。一亩地可作“区田”2650个，在这些“区”内的做法是：“正月种春大麦；二、三月种山药、芋子；三、四、五月种谷、豇豆、绿豆；八月种二麦、豌豆节次为之，不可贪多。谷、豆、二麦，各科百余区，山药、芋子各一十区，通约收四五十石。”这种“一岁数收”的措施用在稻田也是可行的，当然作业要复杂些。此外，较为常用的是在林木之间的空地实行间作、套种和复种等。较为常用的是，在桑树之间或果园之中。在这种间作、复种和套种的过程中，农人可以根据具体的环境或主人某些意愿，甚至市场的需求来规划种植的内容。如果搭配得法，对于林木的生长或可有益。

间作　　套作

要指出的是，“一岁数收”所耗地力是比较大的，因此对施肥要求就比较高了。像关中地区，如果一年三熟，就要在较好的田里施用油渣和粪肥，如果两年十三收，则要求更高，施肥的次数更多，量也更大。施肥量太大，则要专门造肥了。《知本提纲》中就提出“酿造有十法”，即草粪、火粪、苗粪、畜粪、骨蛤灰粪、泥粪、渣粪、黑豆粪、皮毛粪。要处理这样多的粪肥，就要处理得法，才能造出“一等粪”，达到“最肥田”的效果。另外，作者还提出了“三宜”的做法，即“物宜”“土宜”和“时宜”。以“时宜”为例，就是在不同季节施用不同的粪肥，如“春宜人粪、牲畜粪，夏宜草粪、泥粪、苗粪”，等等。

当然，也要看到，在小农经济的时代，这些做法是合理的，特别是在一些地少人多的地区。如果要实行机械化作业，则要做一些修改也许是必要的。此外，值得注意的是，如此使用有机肥料，也应被今天农学家们适当采用，如造肥之法，并使这些方法更加科学更加合理。

水冬瓜树

其实，很多民族都知道种植水冬瓜树的益处。水冬瓜树是一种速生树种，落叶多，并有根瘤菌可以固氮，有利于土地保持肥力。西盟佤族自治县的农民是在粮食收割播撒树种，景颇族人是将树种与陆稻种子同时撒播，怒江的独龙族人和怒族人则是栽种树苗。这种多样的形式种植活动表明，尽管刀耕火种有些粗放，但并非无知和无益处，而是体现着一种生存之道的“知”。

水冬瓜树种

从文献上看，荀子也曾提到“一岁而再获之”，而在《吕氏春秋》中则记述了“今兹美禾，来兹美麦”。这说明，在战国时期，一年两熟或两年三熟的轮作复种方式就已在实施，中国人就已通过多熟种植类提高复种指数，使耕地的地力得到充分的利用。到了汉朝，中国多数地区已实行轮作连种的种植方式。隋唐宋元时期，南方人口压力不断增大，采用再生稻、间作稻、连作稻等多种形式的双季稻和稻麦轮作的二熟制。南方的某些地区还实行了稻麦二熟再加春花，实现了一年三熟。这说明，古代农人与学者能对各种作物的习性有较深的认识，如元朝的《农桑辑要》中记载，在桑树之间播种禾稼，即“若种蜀黍，其梢叶与桑等，如此丛杂，桑亦不茂。如种绿豆、黑豆、芝麻、瓜、芋，其桑郁茂；明年叶增二三分”。

《农桑辑要》

这种做法是考虑到高矮不同的作物，使之都能获得充足的日光和水汽的流通。到明清时期，复种、间种、套作、间作和混作都得到普及。在清朝，人们已经可以对蒜、白萝卜、菠菜、麦子和小蓝等蔬菜、粮食与快熟作物进行间作套种，实现了两年十三收的结局。可见，中国人在精耕细作的基础上实现间作、复种和套作的多熟制度，使中国在人多地少的条件下，为提高土地利用率和单位面积产量上都得到了很大发展，并取得了很大成就。

康熙的农学试验

在清朝的皇帝中，康熙帝是非常重视发展农业的，特别是他彻底废止了清初的“圈地”政策。他鼓励农业生产，还大力推行垦荒的政策，他认为，“边外地广人稀，自古以来无人开垦。我数年前避暑塞外，下令开垦种植，有的禾苗高达七八尺，穗长一尺五寸”。由于他的提倡，原来荒凉的山区也出现了一些村落。他曾写诗记述这种变化：

康熙帝

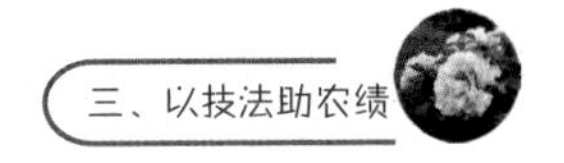

沿边旷地多，弃置非良策。
年来设屯聚，教以分阡陌。
春夏耕耨勤，秋冬有蓄积。
霜浓早收黍，暄迟晚刈麦。
土固有肥硗，人力变荒瘠。
山下出流泉，屋后树豚栅。
行之无倦弛，定能增户籍。
古来王者治，恐亦无以易。

全诗的大意是，对于沿边的荒地不能丢弃，管不好不行。当时还设立一些民垦的聚落，分成田块，教他们耕种。春夏耕耘，秋冬收获。这里霜期早而浓，因此，要早收黍；夏天来得晚，割麦要迟些。土地固然有肥有瘠，但是可以用人力改变的。山下还可以挖井，屋后可以造猪圈。能长期坚持下去，边远地区也能繁荣起来，增加人口。古来帝王治理天下的道理，恐怕也没有比这样的开垦更高明的方法了。

这样，全国耕田面积由顺治时期的5.5亿亩发展到康熙时期的8亿亩，农业得到显著的发展。康熙帝也重视农业生产和研究工作，也对一些作物的栽培进行调查和试验工作。据说，康熙帝研究考察过的植物达20多种，如黑龙江麦、御稻、吐鲁番西瓜、葡萄、菱角、杨柳、枫树、竹子等。他亲自试种过的有十来种，如稻麦、人参、花木等。他对这些植物的产地、生长期及根、茎、叶、花、果的性能、用途、味道等，都有过比较深入的考察。他还撰写过《康熙几暇格物编》。这是一个短文汇集，一种笔记体的集子。虽然这不是一本进行过系统性研究的专业著作，但是仍能看到，一个日理万机的皇帝，对一些感兴趣的事物进行一些研究，甚至还有像水稻这样比较专业的研究，是比较少见的。

《康熙几暇格物编》

康熙从少年时代就喜欢做些试验，在播下种子之后，仔细观察生长的情况。他的这种兴趣一直坚持到老。康熙帝南巡时，由于他喜爱江南的香稻和菱角，便带了一些种子回京试种，但试种失败了。由此他悟出，“南方虽有霜雪，然地气温高，无损于田苗”。这种带有归纳色彩的观点是很有价值的。他还留心于改良土壤，提高水温，水稻栽培的试验终于成功了。

康熙在中南海丰泽园旁边，有几块水田，种玉田的稻子。有一年，康熙发现了一株高出众稻的特殊稻子，而且已经结穗成熟。于是，他把这株早熟的稻穗摘下来，决定明年再种，看它是否仍比别的稻子早熟。第二年试种的结果，还是比别的稻子早熟。从此，他便以这个穗子为种子，培育了一个新的稻种——“御稻米”。

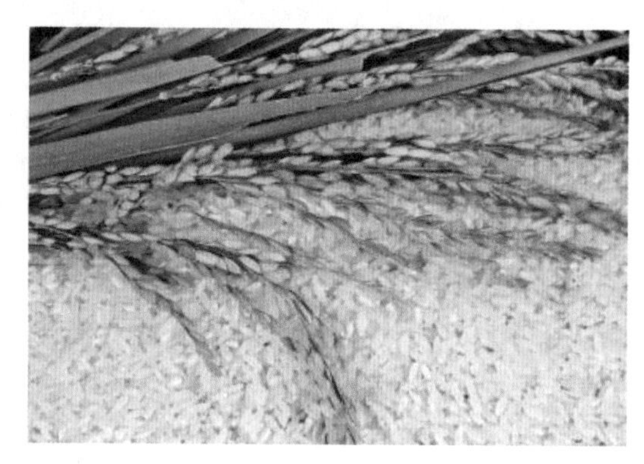

御稻米

这时的康熙还不到 30 岁。康熙对这种粒长、色红、味香的新品种抱有很大希望。在栽培试验中，他先在北京和承德试种，他花了近 20 年的时间试种御稻，晚年还在江南推广试点。他曾命江宁织造曹寅（1658—1712）与苏州织造李煦（1655—1729）分别在江宁和苏州等地进行推广。这种“御稻米”第 1 季的成熟时间平均不到 100 天，最短的只有 70 天左右，因此收割后可以连种第 2 季。而当时苏州本地稻子的成熟期，需要 140 多天。据记载，两季御稻加起来，比原来增长了五成，所以受到当地百姓的欢迎。为了种好这种可以连作两季的品种，他还派了有经验的农民前去指导，他自己也非常关注推广的工作。从康熙五十四年到六十一年（1715—1722），在苏州和江宁等地连续

康熙御制织耕图：耕地（左） 插秧（中） 收获（右）

试种了8年，直到康熙去世为止。

苏州和江宁试种不久，江西、浙江、安徽的官吏和两淮商人也申请试种。康熙将“御稻”种子普遍发交各地官绅商人试种，每地试种的田亩大多是2—3亩，而李煦种到百亩，是最大的试验农田。李煦在康熙五十八年六月二十四日奏：“窃奴才所种御稻一百亩，于六月十五日收割，每亩约得稻子四石二斗三升，谨砻新米一斗进呈。而所种原田，赶紧收拾，乃六月二十三日以前，又种完第二次秧苗。至于苏州乡绅所种御稻，亦皆收割。其所收细数，另开细数，恭呈御览。”显然，这是一季稻子的产量。

清朝手抄晴雨录

由于曹寅曾在江宁受命试种过“御稻米”，曹雪芹在《红楼梦》中所描写的“御苑胭脂米”（玉田胭脂米）和“红稻米粥”就应是康熙培育的御稻米。

康熙还研究气象，他下令各地每天记录当地的阴晴风雨，由主要负责人按时上报，并作为一种制度规定下来。至今，故宫内还保存着大批清朝的《晴雨录》。这是一批很宝贵的气象史料。

附　《康熙几暇格物编·御稻米》

丰泽园中有水田数区，布玉田谷种，岁至九月，始刈获登场。一日循行阡陌，时方六月下旬，谷穗方颖，忽见一科高出众稻之上，实已坚好。因收藏其种，待来年验其成熟之早否。明岁六月时，此种果先熟。从此生生不已，岁取千百。四十余年以来，内膳所进，皆此米也。此米色微红而粒长，气香而味腴，以其生自苑田，故名御稻米。一岁两种，亦能成两熟。口外种稻，至白露以后数天不能成熟，惟此种可以白露前收割。故山庄稻田所做，每岁避暑用之尚有赢余。曾颁给其种与江浙督抚、织造，令民间种之。闻两省颇有此米，惜未广也。南方气暖，其熟必早于北地。当夏秋之交，麦禾不接，得此早稻，利民非小。若更一岁两种，则亩有倍石之收，将来盖藏渐可充实矣。昔宋仁宗闻占城有早熟稻，遣使由福建而往，以珍物易其禾种，给江淮两浙，即今南方所谓黑谷米也。粒细而性硬，又结实甚稀，故种者绝少。今御稻不待远求，生于禁苑，与古之雀衔天雨者无异。朕每饭时，尝愿与天下群黎共此嘉谷也。

四、以册著传农学

撰写农学著作是中国古代学者的一个传统，甚至国家也非常重视农书的收集和发行，并以此作为“劝农”之举。一些能够躬耕田亩之中的文人，善于总结经验，写出一些有益于农事活动的书。此外，这些人还注意从以前的书中汲取经验。以陈旉为例，在他之前已经出现了一些农学名著，如《氾胜之书》《四民月令》《齐民要术》和《四时纂要》等。因此，陈旉的研究是在这些书的基础上，能“别开生面，体出新裁”，他要写出一些不同的特点。例如，《氾胜之书》和《齐民要术》记述作物的栽培技术，有些今天的作物栽培学著作仍在引用其中的内容；《四民月令》和《四时纂要》则是“月令”的体裁，按照月令记述农事活动的顺序以及各种栽培技术。这些农学著作大都讲述了一些总的原则和原理，但是如果从系统性和整体性上看，陈旉的考虑较多。由此可见，历代的农学家都要创新，并且是在继承的基础上做出创新。

氾胜之和《氾胜之书》

进入战国时代，由于铁制农具的使用和农战政策的推行，农业发展较快，使关中平原最早获得“天府”的美称。而且在秦统一全国之前，关中平原出现了规模最大的灌溉工程——郑国渠，汉武帝时又建成六辅渠、白渠、漕渠、成国渠等，使渭河流域地区的土地得到灌溉。长安附近被称为“天下陆海”“酆、镐之间，号为土膏，其贾亩一金”（《汉书·东方朔传》）。对此地的考古也发现了不少西汉中期以后的铁犁铧，而出土最集中的是关中平原。如此的条件也促使赵过的“代田法”要先在关中一带推行。

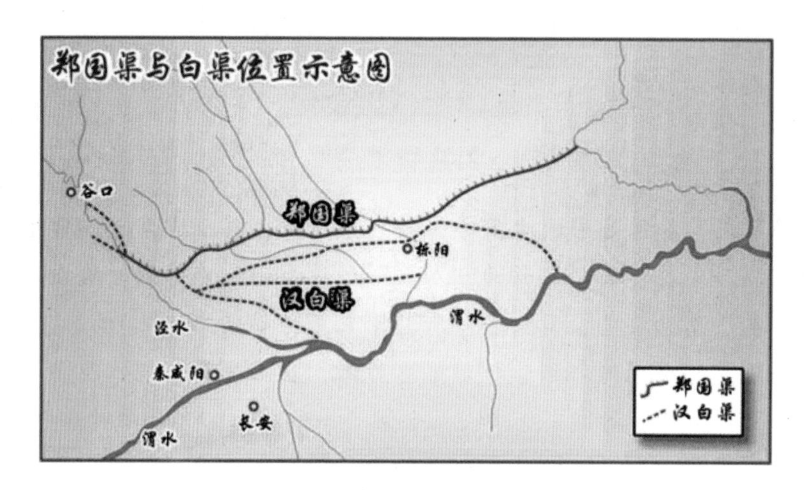

郑国渠与汉白渠

农业为立国之本，因此受到历代王朝的重视。在历史上出现了众多的农学名家，其中，氾胜之堪称第一。

氾胜之的祖先并不姓氾，而是姓凡。由于战乱，全家搬到氾水边，因而改姓为氾。有趣的是，这个地方乃孔孟之乡，而孔子对农作是外行，也没有兴趣。他的学生樊迟要学习种植技术，孔子也是不以为然。因此，没想到的是，在孔孟之乡却能出现一个像氾胜之这样的大农学家。

氾胜之，生平不详，又名氾胜，山东曹人。汉成帝任氾胜之当议郎，曾以“轻车使者”名义到关中平原的三辅地区，专门从事农业管理工作。

氾胜之像

由于农民从事较为繁重的劳作，收入往往并不高，还要负担国家派下来的各种劳役，对此，汉初的政治家晁错对于农民的生产和劳役有过计算，即一个 5 口之家，要有 2 人负担劳役。他们的耕种所获得的收入是比较低的，如果逢上灾年，有时要举债，或出卖家产。氾胜之一上任就决心改变关中的农业状况。

其实，关中平原是中国开发较早之地，并且农业发达，还形成了良好的农作传统。在赵过之后60年，氾胜之仍然要面临着如何提高旱作的产量，使农民收入达到甚至超过温饱水平的问题。这无疑是个重任。

糠麸

氾胜之上任之后，首先抓冬小麦的种植。由于关中平原以种植粟（小米）为主，所收获的小米往往只能支撑到来年的春夏之交，条件差一些的家庭，要面临断粮的危险，只得采集一些野菜来补充，或以糠麸代粮。

为什么要推广冬小麦呢？一者冬小麦之耐寒要胜过粟，另外，在青黄不接之时，小麦收下来可接上人们对粮食的需求。因此，推广冬小麦是一件有益于民生的大好事，为此，氾胜之发明了一种名为“溲种法”的技术。所谓“溲种”就是把兽骨的骨汁、缲蛹汁、蚕粪、兽粪、附子和雪水，按照一定的比例，搅拌在一起成糊状，借此来浸渍种子。而经过浸渍的种子看上去像饭粒，按照现代的说法——“包衣种子”。这种经过处理的种子，可使种子从“溲汁”中获得一定的小麦生长所需要的养分，甚至还具有一些抗虫害的能力。

未包衣的种子（左）和包衣种子（右）

在小麦苗生长过程中，氾胜之还要求农民加强田间管理，如进行间苗和培土，还要中耕除草，这些环节都不能轻视。他还提醒农民要采取措施，重视抗旱保墒。为了加大对雨水的利用，可以借助多锄地，使土地有更好的蓄水和保水的能力。

氾胜之的辛劳并没有白费，小麦在关中平原推广成功，使当地农民获益，国家的赋税也有了保证。今天的陕西当地人也会夸耀关中平原的小麦是如何如何的好。当然，不知有几人知道，这得益于两千多年前的氾胜之啊！

氾胜之推广冬小麦成功之后，他又把大豆和芋头这样的备荒作物加以推广，还推广“区田法”来组织耕种。

从事种植活动，还有一个要紧之处——不违农时，为此，氾胜之发明了“时宜测定法”。在立春之时，用一根长 1.2 尺的木橛，把 1 尺长的部分埋入土中，露出的部分为 2 寸。在立春之后，土壤变得松散，就会把这 2 寸的部分埋没，并且如果能比较容易地把上年留在地里的庄稼拔出来，则已到了春耕之时。氾胜之的方法既合理，也容易推广。

对于灌溉，氾胜之也有研究，还提出了渗灌法和水温调节法。渗灌法很简单，主要用于种瓜。他将一口瓮埋在 4 棵瓜苗的中间，这口瓮的容积约 3 斗。瓮口与地面齐平，瓮中要在装满水后用瓦盖盖上。借助瓮的渗水能力，向周围的 4 棵瓜苗输水，以保证瓜的生长。这种渗灌法，渗水均匀，减少了蒸发，提高了水的利用率。在较为干旱的地区尤其适宜。今天，在沙漠搞种植，利用树脂材料的强吸水技术与氾胜之的方法在原理上是相似的。

氾胜之在关中平原进行水稻种植的试验时提出了水温调节法。因为水稻生长过程中对水温要求较高。氾胜之将水稻田的进水口与出水口对直，使水流在稻田中径直流过，以减少水在稻田中的流动，这样就可以保持水温了。通常，在夏至之后，气温较高，并不利于水稻生长，这时要将进水口与出水口错开，使水流可在稻田内迂回，使水温降下来。

由于氾胜之为推行新技术而立下了汗马功劳，他就被提升为御史。

氾胜之不只是一个实干家，对理论研究也很重视，他的《氾胜之书》分为 18 篇，由于已失传，已难以知晓其内容，但从后世的农学书中可大致了解《氾胜之书》的部分内容。

《氾胜之书》

在后世流传着的一个种瓠的故事。“瓠”字念 hù，就是葫芦，也写作壶庐。古人重视葫芦的种植，葫芦既可作蔬菜食用，老一些的还可制作成手工制品——水舀子。或许因为瓠的用处很大，它在《氾胜之书》中记载下来。老农的种瓠之法是：种上 10 棵瓠秧苗，当长到 2 尺长时，用布和泥把这 10 棵瓠秧捆扎起来，使它们合在一起，并且把最强的一枝留下，别的就掐掉。引出这棵蔓藤以结瓠，最先结出的瓠也被去掉，但留下第 4—6 个瓠；再用马鞭子打掉蔓心，使它不在爬蔓，即不再生长。这样做可终止蔓藤向前长，而且使剩下的几个小瓠吸收所能得到的所有营养。这种方法可视为最早的嫁接技术。

瓠

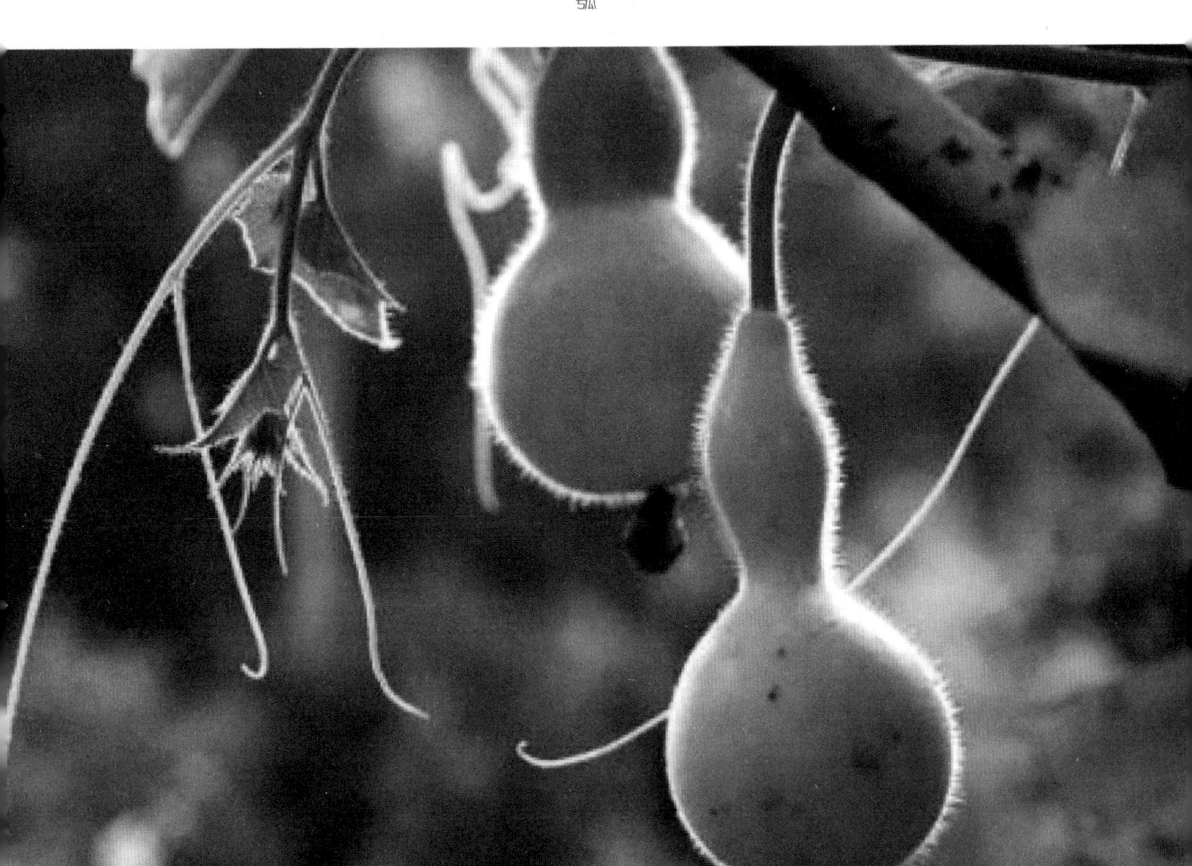

《氾胜之书》是最早的一部农书，也是古代的农学名著，它所反映西汉后期关中地区相当高的农业生产技术，这些都表明西汉中期以后关中平原的农业生产工具、生产技术、管理水平在全国是一流的，在主要粮食作物产量方面也有了提高。西周时期关中粮食作物以黍稷为主，战国时以菽粟为主。汉武帝时董仲舒还说“今关中俗不好种麦”，可是在成帝时《氾胜之书》中谈到种麦的地方最多，正是关中地区农业水平提高的一种反映。

农学全才贾思勰

贾思勰像

北魏是由鲜卑族首领拓跋珪建立的一个存在了近150年的强大王朝，南下入主中原之后，就逐渐放弃了过去逐水而居的游牧生活。当孝文帝即位之后，他便把都城从平城（今山西大同）迁到河南洛阳。而为了适应社会的发展，朝廷采用“均田制”把因长期战乱造成的动荡状态纠正过来，而“均田”就是把一些无主的田地分给无地或少地的百姓。这就使社会逐渐地趋于稳定。而随着新开垦出的大量的田地，农业生产得到恢复并得到发展，只花了十多年的时间便从“公私缺乏”到“府藏盈积”了。有人说，中国古代农学发展中，选一位全才式的人物，那就是贾思勰了。贾思勰，北魏末年益都（今山东寿光）人，生卒年月不详，曾任高阳太守，农学家。

贾思勰出生在一个书香之家，其祖上很喜欢读书、学习，尤其重视农业生产技术的学习和研究，对贾思勰有很大影响。成年以后，他走上仕途，自高阳太守卸任后，他回到故乡，开始经营农牧业活动，并致力于农学研究，掌握了多种农业生产技术。据说，他也有参与农业生产的经历，曾饲养羊200多只。

贾思勰为官期间，每到一处，他都认真考察和研究当地的农业生产技术。他还向经验丰富的老农学习，收集他们在长期的生产生活中总结出的宝贵经验，获得了不少农业方面的生产知识。例如，有一句“顷不比亩善”，应该是“一顷不比一亩善”。从字面上看，如果不能精耕细作的人耕作一顷地，他是不能与一个能精耕细作的一亩地的人相比的。

贾思勰重视农人的经验，并认为“智如禹汤，不如常耕”。这句话的意思是，即便具备像大禹和商汤那样的智慧，也不如从实际劳作中获得的经验。他还进行试验，例如，贾思勰把朝歌的大蒜引种到并州，会结出百子蒜。他还把并州的豌豆引种到井陉以东，并不能结出果实；从山东引种谷子到上党和壶关，也不能结出谷子。

贾思勰问农图

贾思勰在总结前人经验的基础上，结合自己所获得的生产知识以及对农业生产的亲身体验，再进行整理和概括总结，最后完成了《齐民要术》。《齐民要术》大约成书于北魏末年（533—544），是一部综合性农学著作，是中国现存最早的一部完整的农书。全书凡10卷92篇，正文7万字，注释4万字，内容丰富，涉及农、林、牧、副、渔等各个方面。

卷首有《序》和《杂说》各一篇。该书主要内容有：土壤耕作和农作物栽培管理技术，园艺和植树技术，如蔬菜和果树栽培技术，动物饲养技术和畜牧兽医，以及有关农副产品加工和烹饪技术等。贾思勰建立了较为完整的农业科学体系，对以实用为特点的农学类目做出了合理的规划；对开荒、耕种到生产后的加工、酿造和利用等一系列过程详细记述，并对种植、林业以及各种养殖学问进行了详细论述。

“中国古代农业百科全书”——《齐民要术》

华北平原中部地区，从新石器时代开始，经商朝和周朝，以至春秋时期，平原中部一直保持着一片极为空旷的人迹稀少的地区。后来由于黄河下游两岸修筑了堤防，湖泊沼泽逐渐干涸，人们才开始能在平原上耕种。东汉以后，农业开始迅速发展。北魏时“冀州户口最多，田多垦辟”（《魏书·杜恕传》）。从《齐民要术》中可看到河北平原的农业技术已经相当发达，如农作物品种很多，有黍、粱、大豆和小豆、麻、大麦和小麦、水稻和旱稻、胡麻、瓜、韭菜等粮食和瓜蔬 20 余种。直至唐朝安史之乱以前，平原中部的发展仍十分兴旺。

贾思勰的青年时代，正值北魏孝文帝所倡汉化运动，并重视农业，大力督办。在太和九年（485 年）实行均田制之后，许多无主荒地分给无地或少地农民耕种，并规定种植五谷和瓜果蔬菜，要植树造林，这些措施使农业生产蒸蒸日上。这为贾思勰撰写农学著作提供了条件。

贾思勰察农图

《齐民要术》是一部综合性农书，书中援引古籍近200种，其中所引《氾胜之书》《四民月令》（崔寔）和《养鱼经》（陶朱公）等现已失传的重要农书100多种，使一些佚失著作的部分内容得以保存下来，具有重要的史料价值。贾思勰系统地总结了6世纪以前黄河中下游地区（即今山西东南部、河北中南部、河南东北部和山东中北部）农民的生产经验、食品的加工与贮藏、野生植物的利用以及治荒的方法，详细介绍了季节、气候及不同土壤与不同农作物的关系。

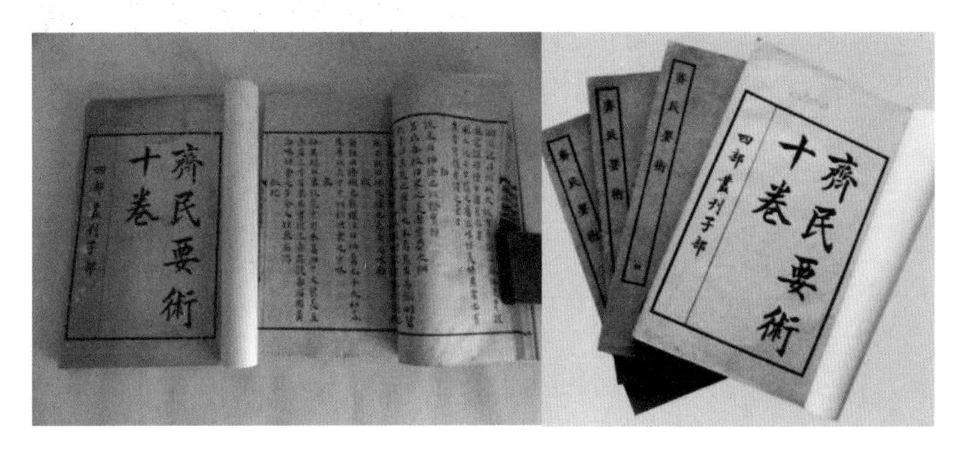

《齐民要术》

《齐民要术》全书正文约7万字，注释约4万字。所收录1500年前中国农艺、园艺、造林、蚕桑、畜牧、兽医、配种、酿造、烹饪、储备以及治荒的方法，把农副产品的加工、食品加工、文具和日用品生产等都囊括书中；最后还列举了很多北方不种植的蔬菜和瓜果。《齐民要术》提出了选育良种的重要性以及生物和环境的关系问题，种子的优劣对作物的影响。以谷类为例，作者搜集到几十个品种，并按照成熟期、植株高度、产量、质量和抗逆性的特性进行比较，说明了如何保持种子纯正、不相混杂，所播下的种子能够发育完好等现象。

《齐民要术》中讨论了有关抗旱保墒的问题，还有恢复和提高地力的办法，如通过作物品种的轮作，植物栽培以及轮作套种的方式。从事农业生产应因时、因地、因作物品种而采取不同的措施。书中还叙述了养牛、养马、养鸡和养鹅的方法，如何使用畜力，如何饲养家畜等。书中还记载了兽医处方48例，涉及外科、内科、传染病、寄生病等，提出了及早发现，发现后迅速隔离，积极配合治疗，以及讲究卫生并及早预防的防病治病的措施。

贾思勰阐述了酒、醋、酱和糖稀的制作过程与保存方法。从工艺上看，当时对微生物在酿造过程中的作用已有所认识，还记载了一些操作经验和技巧。书中有关北方蔬菜贮藏技术，即九、十月间，于地上挖坑，深约1米或更多（视贮藏量而定），然后把新鲜的蔬菜一层层摆在坑中，每摆一层菜撒一层土，最上面用土盖好。这样，冬天取出来的蔬菜不失水分，仍然比较新鲜。

贾思勰农作图

书中记载了许多关于植物生长发育要注意的一些措施，如沤烟防霜的办法，在下雨天晴后，若北风凄冷，则当天夜间一定有霜，要采取放火生烟的方法，以防霜、防作物被冻坏。

贾思勰还注意到多种经营的可行性，以使农民的收入有所增加，为此还介绍了许多种以小本钱赚大钱的方法。

《齐民要术》全书结构严谨，从开荒到耕种，从生产前的准备工作到生产出的农产品加工、酿造和利用，从种植业、林业到畜禽饲养业、水产养殖业，论述的脉络也非常清楚。贾思勰按照当时农业生产、民众生活中所占轻重来安排诸作业项目。例如，讲述饲养动物，按着马、牛、羊、猪、禽类；并且各按相法、饲养、繁衍、治病等项依次进行阐说，对水产养殖也做出解说。叙述的农业技术内容重点突出，主次分明，详略适宜。元朝《农桑辑要》和《王祯农书》、明朝的《农政全书》和清朝的《授时通考》这4部大型农书均仿照《齐民要术》的结构来写书，而且《齐民要术》中有关种植、养殖技术对于今天农人仍有重要的参考作用。

专于“治圃”的陈旉

陈旉像

陈旉（1076—1156），南宋农学家。陈旉生活在南宋初年，在真州（今江苏仪征）西山务农，“于六经诸子百家之书，释老氏黄帝神农氏之学，贯穿出入，经往成诵，如见其人，如指诸掌。下至术数小道，亦精其能，其尤精者易也”。后人评价陈旉不抄书，许多知识来自他在劳作中积累起来的经验。

陈旉“平生读书，不求仕进，所至即种药治圃以自给”，真像一个不问世事的全真道人。其实，陈旉很注意总结农业生产经验，终于写成堪称名著的《陈旉农书》。在乾隆九年（1744 年）被收入《四库全书》。在撰

《陈旉农书》中的插图

写《陈旉农书》时，陈旉对于农学的研究是比较深入的，所以，他说，“心知其故”。这个“故”就是类似与原则或原因之类的规则或规律性认知。以至于陈旉以类似夸下海口的口吻说，他的书“非苟知之，盖尝久蹈之，确乎能其事，乃敢著其说，以示人”。这段话的大意是，陈旉写出的文字并非凭着一些见闻来写的，而是凭着所积累的经验，如果根据书内所写的去进行耕作，是可以成功的，因此，他的书“实则有补于来世”。

陈旉能自食其力，且家境不错，这也使他可以去一些地方作调查，了解当地的农作技术，再加上他也参加农业生产，对于一些农业生产技术的要领能领会得比较到位，甚至也了解其中的原理。这样，他写出的内容就不是拼凑出来的，而是有根有据的；对于经营土地，把经营管理和生产技术都讲得比较透彻，切实可行，终于成就了一部农学名著。对于农作，陈旉的经营管理思想较为突出，因为农事活动属于“艰难之尤者”，也就是说，是最难做的事情了，因此要深思熟虑。例如，在生产规模上，他主张“广种不如狭收”的集约式经营。生产还要有规划，更要执行好规划，像他所说的，要“既善其始，又善其终”，这才能收到较好的效果。

对于农事活动的总原则，陈旉也提出了“顺天时，量地利”的观点。在具体的活动中，要“农事必知天地时宜，则生之、畜之、长之、育之、成之、熟之，无不遂矣”！特别是在把握天气的变化上，要掌握好和运用好，如在把握秧田下种之前，要“先看其年气候寒暖之宜，乃下种”，即看好气候，根据天气之冷暖来下种。对于《齐民要术》中的播种时间的把握上，陈旉提出了不同的看法，并且着重指出，要根据天气变化，凭借以往的经验来把握播种的时间。

在陈旉居住的西山一带，田地的地势多有不同，有高田、下地和坡地，还有深水薮泽和湖田等。在种植之时，要对不同的地势特点，进行不同的规划和耕作。例如，“高田”的地势，要做好灌溉，还要有一些水塘来保证生产。如果是“下地”的话，由于容易淹浸，还要高筑圩岸，以防水浸。而坡地则适宜种植麻麦粟豆以及蔬菜之类的作物，而对于湖田和深水薮泽也有对应的经营管理之策。

“体出新裁”的《陈旉农书》

陈旉在古稀之年于南宋绍兴十九年（1149年）写成《陈旉农书》（3卷），从西山来到真州，他把自己的《陈旉农书》亲自交给真州知州洪兴祖。洪兴祖对《陈旉农书》“读之三覆”，并非常喜欢，为此还写了一篇《仪真劝农文》附后。他引陈旉所说：“樊迟请学稼，子曰，吾不如老农。先圣之言，吾志也：樊迟之学，吾事也；是或一道也。”为普及农学知识，洪兴祖命人刊刻，5年后又重校，以正其讹。遗憾的是，还未等到新版的《陈旉农书》印出来，陈旉就于宋宁宗嘉定七年（1214年）去世了（79岁）。安徽新安人、在高沙任郡守的汪纲再次雕版印刷了一次，这也过去60年了。

洪兴祖像

《陈旉农书》全书3卷，22篇，1.2万余字。上卷论述农田经营管理和水稻栽培，是全书重点，包含14篇。他主张，经营田地时，要注意田地的地势。对于不同的田地要对应不同的耕作方法，也要针对不同的气候条件，对一些关键的问题他还进行重点的陈述，在讲述一些关键技术也加入了自己的体会。特别是陈旉提出的新论点，与传统的观点相结合，使他的书真的可以“体出新裁”。中卷讲述养牛的技术，虽然只有两篇，但仍能体现出“牛是农家宝”的思想，对于牧养人来说，要“必先知爱重之心，以革慢易之意”“视牛之饥渴犹己之饥渴……”等。

下卷4篇，主要讲植桑和养蚕的技术。他长期生活在江苏，对于长江中下游地区的农作了解比较多。他写成的《陈旉农书》所反映的南方农作技术的状况就是一件很自然的事情了。陈旉以前的农书，多为古代北方黄河流域一带的农业经验总结，本书则为第一部反映南方水田农事的专著，并具有亲自务农经历的特色。明朝还被收入《永乐大典》，清

《陈旉农书》

朝也被收入多种丛书。18 世纪时传入日本。

陈旉特别强调掌握天时地利对于农业生产的重要性。他认为，耕稼是“盗天地之时利”，提出“法可以为常，而幸不可以为常”的观点。这里的“法”就是自然规律，“幸”是侥幸、偶然。不认识和掌握自然规律，“未有能得者”。因此，他能提出一些超越前人的新观点，在耕种过程中，除了要考虑眼下的发展和经营，还要从长计议，如“地力常新壮”就是对中国古代农学史上土壤改良经验的高度概括。陈旉生活在太湖流域的地区，气候温暖，雨量丰沛。虽说这里是个富庶的地区，但是，耕地利用的时间长，地力的消耗大，这自然引起了陈旉的关注，为此他才提出恢复地力的观点和措施。

《陈旉农书》中的插图

“地力常新壮”的观点，作为一种可持续发展的理念，要求中国农人在发展农业和提高产量的同时，要格外注意地力的恢复，并保持“常新壮”的水平。

“地可使肥”要在技术上要有一定的措施来保障，如积肥和造肥的办法，如何保持肥效和施肥等。为此，他在“粪田之宜篇”中，对开辟肥源、合理施肥和注重追肥等措施，都有论述。在“耘耨之宜篇”中还讲到稻作中耘田和晒田的要求，水稻培育壮秧等。此外，本书在养牛和蚕桑部分也有详细的论述，反映了宋朝的农业科学技术水平。

由于南方以稻作为主，对于适宜地势的要求，适宜的耕作方法，以及怎样培育出壮秧，防止烂秧，都提出了一些措施。在“耨耕之宜篇”中论述当时南方的稻田有早稻田、晚稻田、山区冷水田和平原稻田 4 种类型，分别阐述了整地和耕作的方法。这些理论对于农人作业也都是有用的。

“农机大王”王祯

王祯成长在我国古代经济文化比较发达的黄河下游齐鲁之地，后又长期在南方做地方官，这种经历使他对我国北方和南方的农业生产都比较熟悉，所以他能从更广阔的视域对农业生产进行全面而系统的阐述。

王祯像

王祯（1271—1368）是中国古代著名的四大农学家之一。他出生在孔孟之乡，他从孔子“登东山而小鲁”的视野受到启发，也像孔子一样要周游一番，长长见识。他先去了大都，又到了河北和山西等地。在河北看到当地的农民种瓠，使用耧锄（当地人称为“耠子”），收割荞麦的推镰，用于稻田整地的辊轴。这些机械给他留下了深刻的印象。到不同的地方，王祯也品尝到一些特产，如燕山板栗、御皇李子、被称为“金刚拳”的杏子等。他去淮南时在淮河岸边看到，一些农民在水退下之后就开始犁耕整地，到夏初水位上涨淹没了土地，农民便撑起一种小筏子，把已浸过的稻种撒到田里，等水位稍微退下，稻苗便会长出来，这就是一茬早稻。

在江浙、江西和安徽等地，在欣赏南方风光的同时，王祯的目光也放到农田上。他注意到吴中的秧马、苏州虎丘剑池的高转筒车、江东的镫锄，还有浙江的阴瓜（甜瓜）、建宁的李子都给他留下了深刻的印象。

江浙农民用的筛谷箉、在江西见到的水转连磨。他还把南方和北方的农作进行对比，如南方通常是一牛一犁，而北方则一犁 3—4 头牛。江浙地区耕地时不用犁，而是利用一种铁搭，为了提高效率，常常是几家互助。当时南方种稻子要移栽秧苗，而北方不用，是撒种。

王祯的仕途还算顺利，元成宗元贞元年（1295 年），他当上了宣州旌德县尹，后调到信州永丰（江西永丰）当县尹。王祯也继承了传统的“农

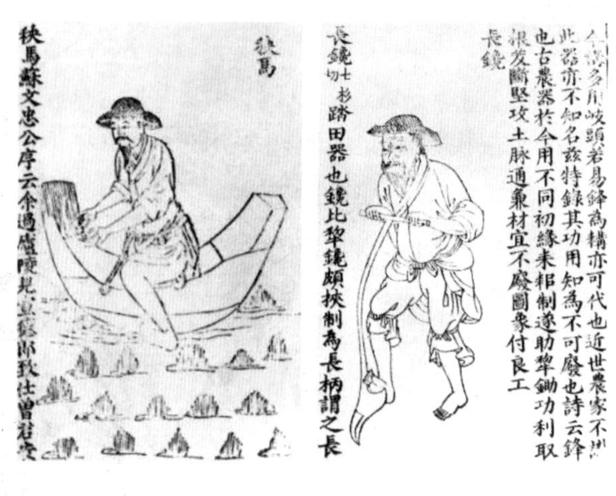

秧马图　　踏犁图

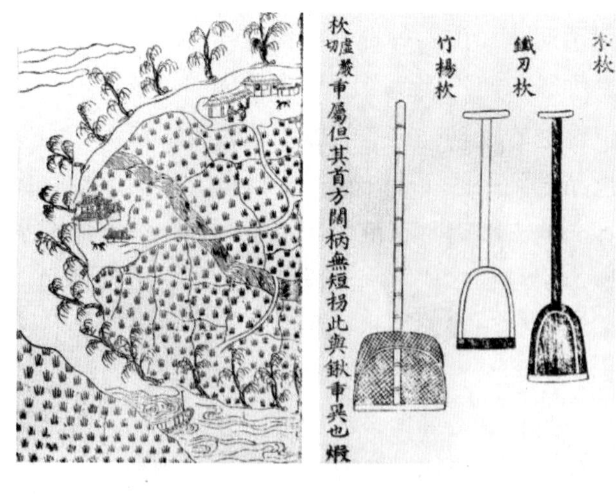

围田图　　各类铲子图

《王祯农书》插图

本”思想，认为政府的首要政事就是抓农业生产。王祯在旌德和永丰任职时，重视“劝农”工作，颇有政绩。他曾规定农民每年种桑树若干株；对麻、苎、禾、黍等作物，从播种到收获都一一加以指导；还画出“钱、镈、耰、耧、耙、麹”各种农具的图形，让老百姓仿造试着使用。王祯把有关耕织、种植、养畜所积累的经验和搜集到的前人有关著作资料，编撰成了《王祯农书》。

最初，农民对于王祯劝农的做法并不认同。他们认为，自己种了一辈子的地了，还要谁来指导？但是，经过王祯的指导，农民都获益了。这使农民心服口服，还心存感激。其实，王祯在推广技术之时，也尽量不给农民添麻烦，这也赢得了农民的信任，他调任永丰时还这样做，也受到当地农民和同事的欢迎。他还捐俸给地方上兴办学校、修建桥梁、道路、施舍医药等，时人颇有好评，称赞他“惠民有为”。

王祯写作《王祯农书》时总要顾及南北的差别，如王祯写道：“自北至南，习俗不同，曰垦曰耕，作事亦异。”（《垦耕篇第四》）又如南北养蚕方法各自的优缺点，以“择其精妙，笔之于书，以为必效之法”（《蚕缫篇第十五》）。可以说，以前的《氾胜之书》《齐民要术》《农桑辑要》等，都是总结北方农业生产经验的著作，《陈旉农书》又是专论南方农业的，只有《王祯农书》才是兼论南方和北方农业的。它对南北农业技术以及农具的异同、功能等，进行了深入细致的分析和比较。王祯并非一个凡人，他写了农书还考虑如何印刷的问题。早在北宋之时，毕昇发明了（泥）活字印刷技术，但普及这种技术并不顺利，所以，王祯也研制了木活字技术,并且进行了两年的试验。在获得成功之后，王祯先印制了《旌德县志》，印刷效果不亚于雕版印刷的水平。为此，在《王祯农书》的附录中，王祯专门写“造活字印书法”，并请工匠刻制的3万多个木活字，以及自己发明的既可降低排字工人的劳动强度也能提高效率的转轮排字盘。可见，虽与农业生产无关的排字技术也因此大有进步。在写好《王祯农书》之后，

《王祯农书》

王祯顺便用准备好的木活字制成版，印刷，最后使《王祯农书》印刷出来。但是，刊印此书也竟然花了十多年的时间。

《王祯农书》

元朝在我国农学史上留下了 3 部比较出色的农学著作。一是元朝初年由司农司编写的《农桑辑要》，还有《王祯农书》和《农桑衣食撮要》，其中尤以《王祯农书》影响最大。在一部书中，王祯能兼论中国北方和南方农业技术，第一次对农业生产知识作了较全面系统的论述。《王祯农书》完成于 1313 年。全书正文共计 37 集，371 目，约 13 万字。分《农桑通诀》《百谷谱》和《农器图谱》三大部分，另附《杂录》（包括了“造活字印书法”）。

《王祯农书》中的《农桑通诀》则相当于农业总论，对农业、牛耕、养蚕的历史渊源作了概述，并论述农业生产根本关键所在的时宜、地宜

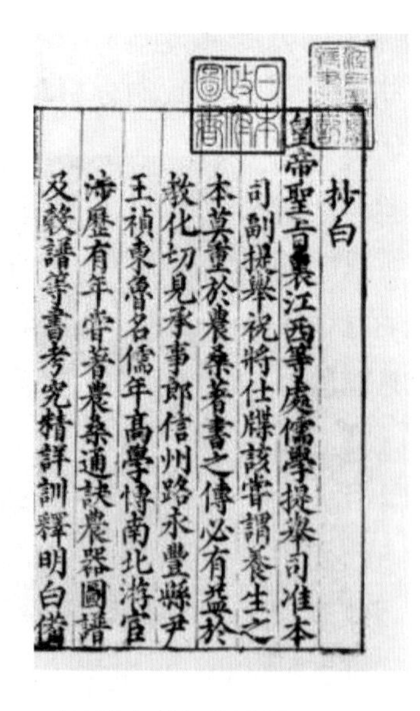
抄白
皇帝聖旨裏江西等處儒學提舉司准本
司副提舉祝將仕牒該嘗謂養生之
本莫重於農桑著書之傳必有益於
教化切見承事郎信州路永豐縣尹
王禎東魯名儒年高學博南北游宦
涉歷有年嘗著農桑通訣農器圖譜
及穀譜等書考究精詳訓釋明白備

《王祯农书》的局部

《王祯农书》中的“天子祭祀图”

问题，以及开垦、土壤、耕种、施肥、水利灌溉、田间管理和收获等一些操作的共同原则和基本措施。《百谷谱》很像栽培各论，先将农作物分成若干属（类），然后一一列举各属（类）的具体作物，论述各个作物的生产程序时也注意它们之间的联系。《农器图谱》是全书重点所在（占全书的80%），计20集，分为20门，261目，插图200多幅，涉及的农具达105种。

以前的农书有关农具的介绍都不多，例如，《氾胜之书》中提到的农具只有10多种，《齐民要术》谈到的农具也只有30多种。到宋元时期，我国传统农具继续发展，使农具的种类齐全，形制多样。而《农器图谱》收录的各种农具超过百种，绘图达306幅，且都附有说明，即记述器械结构、来源和用法等，在这些插图中还增加了蚕桑、棉花和麦作的内容。对农器，王祯花费精力最多，不仅搜罗和形象地描绘记载了当时通行的农具，还将古代已失传的农具经过考订研究后，绘出复原图。

《王祯农书》中的薅鼓图

《王祯农书》中的囷图

例如，西晋刘景宣创制“磨”，奇巧特异，只用一牛拉动，能“转八磨之重”，可惜已失传。王祯经过研究把它复原，并名之为“连磨”。又如东汉杜诗发明的水排，利用水力鼓风来炼铁。到元朝对这些磨和“排”的结构和制法均已不可考，经过王祯的多方搜访，被他记述在书中。但是，古代水排用皮囊鼓风，而王祯复原所绘的水排已经是用木扇（简易的风箱）来鼓风了。王祯对轮轴尤感兴趣，在“杵臼门”“灌溉门”和“利用门”中，集中了57种与轮轴有关的生产工具。并且，他又创制“水砻”和“水轮三事”，其中尤以“水轮三事”最为机巧。所谓“水轮三事”是指具备有磨、砻（lóng，去除稻壳的机械）、碾三种功能的装置。《农器图谱》展示了我国古代农具的技术水平。此后学者再撰写的农书，如《三才图绘》《农政全书》《古今图书集成》和《授时通考》等书，其中与农事有关的插图基本上都来源于《王祯农书》。

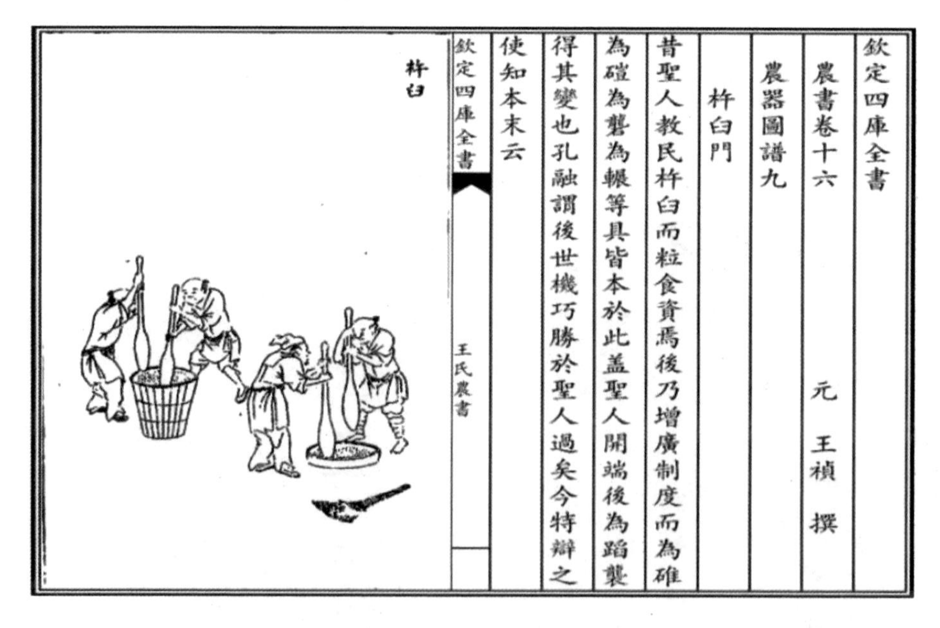
欽定四庫全書
農書卷十六　元　王禎　撰
農器圖譜九
杵臼門
昔聖人教民杵臼而粒食資焉後乃增廣制度而為碓為磑為礱為輾等具皆本於此蓋聖人開端後為蹈襲得其變也孔融謂後世機巧勝於聖人過矣今特辯之使知本末云
欽定四庫全書　王氏農書
杵臼

《农器图谱》部分

王祯在书中创作的“授时指掌活法之图”涉及历法和授时的问题。

该图以平面上同一个轴的八重转盘，从内向外，分别代表北斗星斗杓的指向、天干、地支、四季、十二个月、二十四节气、七十二候，以及各物候所指示的应该进行的农事活动。把星躔（星的运行数据）、季节、物候、农业生产程序灵活而紧凑地连成一体。这种把“农家月令”的主要内容集中总结在一个小图中，使用方便，不能不说是一个令人叹赏的绝妙构思。

《农桑辑要》是元朝大司农司编纂的一部综合性农书，是我国现存最早的官修农书。参加编写及修订补充的人有孟祺、畅师文、苗好谦等，成书于至元十年（1273 年）。当时，黄河流域经过多年战乱，生产凋敝，此书编成后颁发各地作为指导农业生产之用对恢复农业发挥了作用。作者选辑古代到元初农书的有关内容，对 13 世纪以前的农耕技术经验加以系统总结。全书 7 卷、10 部分，包括典训、耕垦、播种、栽桑、养蚕、瓜菜、果实、竹木、药草和孳畜，分别叙述有关农业的传统习惯和重农言论，各种作物的栽培以及家畜和家禽的饲养等技术。此前，唐朝有武则天删订的《兆人本业》和宋朝的《真宗授时要录》，但均已失传。因此《农桑辑要》成为我国现存最早的官修农书。

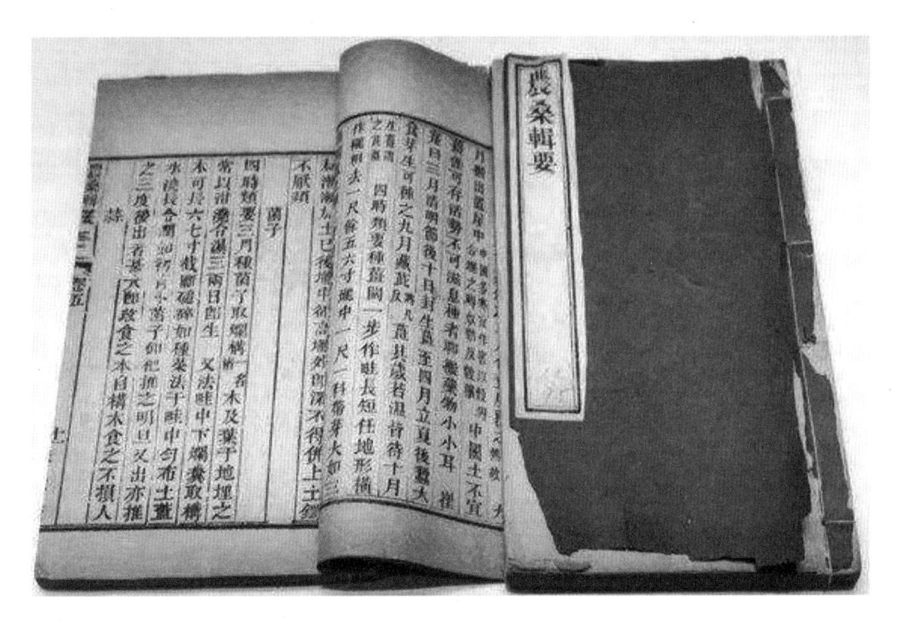

《农桑辑要》

徐光启与《农政全书》

徐光启（1562—1633），明朝松辽府（今上海市徐家汇）人。他编撰的《农政全书》是我国古代大型的百科全书。《农政全书》成书于明朝万历年间（1573—1619），基本上囊括了明朝农业生产和人民生活的各个方面，而其中又贯穿着徐光启的治国益民的“农政”思想。这种“农政”观念正是《农政全书》不同于其他大型农书的特色之所在。由于古人已积累了数千年的耕作经验，留下了丰富的农学知识，如北魏贾思勰的《齐民要术》和元朝王祯的《王祯农书》大都贯穿着农本观念，重点研究有关生产技术和知识，是纯技术性的农书。与此不同，在《农政全书》中，徐光启强调农政措施，“农政”是全书的纲，农业技术是实现“农政”的保障。书中有关开垦、水利、荒政的内容，占了将近一半的篇幅，这是其他的大型农书所鲜见的。以“荒政”为例，如《氾胜之书》和《齐民要术》偶尔谈及一两种备荒作物，《王祯农书》“百谷谱”之末开始出现的“备荒论”亦不足2000字。《农政全书》中，“荒政”作为一目，有18卷之多，为全书12目之冠。对历代备荒的议论、政策研究有关综述，对水灾、旱灾和虫灾作了统计，对救灾措施及其利弊也有分析，最后附草木野菜可资充饥的植物达414种。

徐光启像

明万历三十五年至三十八年（1607—1610）是徐光启在为他父亲居丧期间，他在家乡开辟双园、农庄别墅，进行农业试验，总结出许多农作物种植、引种、耕作的经验，并且写下了《甘薯疏》《芜菁疏》《吉贝疏》《种棉花法》和《代园种竹图说》等文章。明万历四十一年至四十六年（1613—1618），徐光启在天津垦殖，进行第二次农业试验。明天启元年（1621年）又两次到天津，进行更大规模的农业试验，写出了《北耕录》《宜垦令》和《农遗杂疏》。这两个时段集中从事农事试验与写作，为他日后编撰大型农书奠定

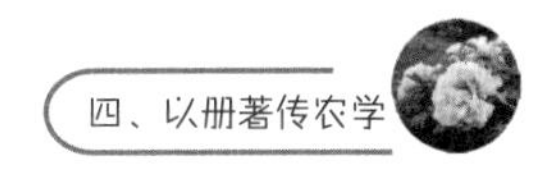

了坚实的基础。

明天启二年（1622 年），徐光启告病返乡，休养闲居。此时，他继续试种农作物，并开始搜集、整理资料，撰写农书。明崇祯元年（1628 年），徐光启官复原职，负责修订历书，农书的最后定稿工作无暇顾及。去世后，这部农书便由他的门人陈子龙等人负责修订，于崇祯十二年（1639 年），刻板付印，并定名为《农政全书》。

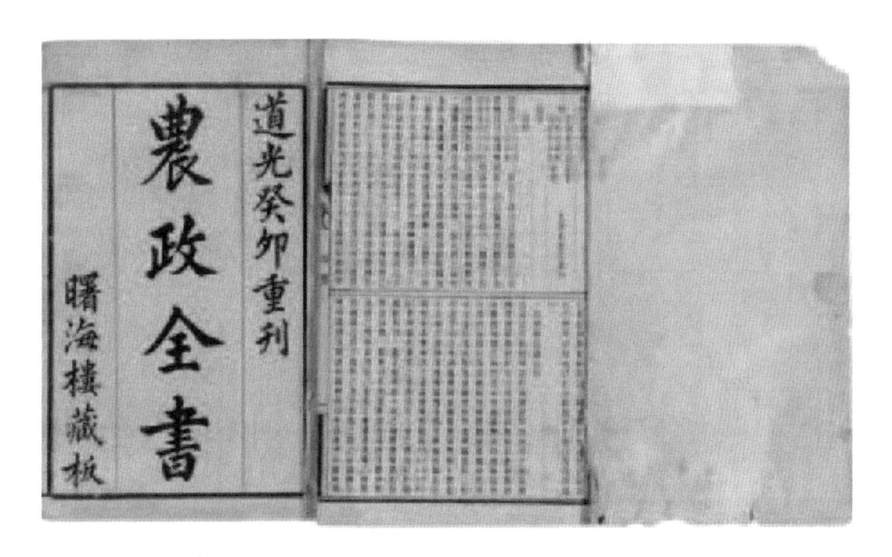

道光癸卯重刊

農政全書

曙海樓藏板

《农政全书》书影

《农政全书》全书分为 12 目，共 60 卷，总计 50 多万字。12 目中包括：农本 3 卷、田制 2 卷、农事 6 卷、水利 9 卷、农器 4 卷、树艺 6 卷、蚕桑 4 卷、蚕桑广类 2 卷、种植 4 卷、牧养 1 卷、制造 1 卷、荒政 18 卷。

徐光启曾与意大利传教士利玛窦等人共同翻译了许多科学著作，如《几何原本》和《泰西水法》

徐光启与利玛窦

等，成为介绍西方近代科学的先驱；同时他自己也写了不少关于历算、测量方面的著作，如《测量异同》和《勾股义》；他还主持了《崇祯历书》（130多卷）的编写工作。除天文、历法和数学等方面的工作以外，他还亲自练兵，负责制造火器。著有《徐氏庖言》和《兵事或问》等军事方面的著作。但徐光启一生用力最勤、收集最广、影响最深远的还要数农业与水利方面的研究。

徐光启出生的松江府是个农业发达的地区。早年他曾从事过农业生产，取得功名后依然重视各种农事，他自号“玄扈先生”，以明重农之志。“玄扈”原指一种与农时季节有关的候鸟，古时曾将管理农业生产的官称为“九扈”。

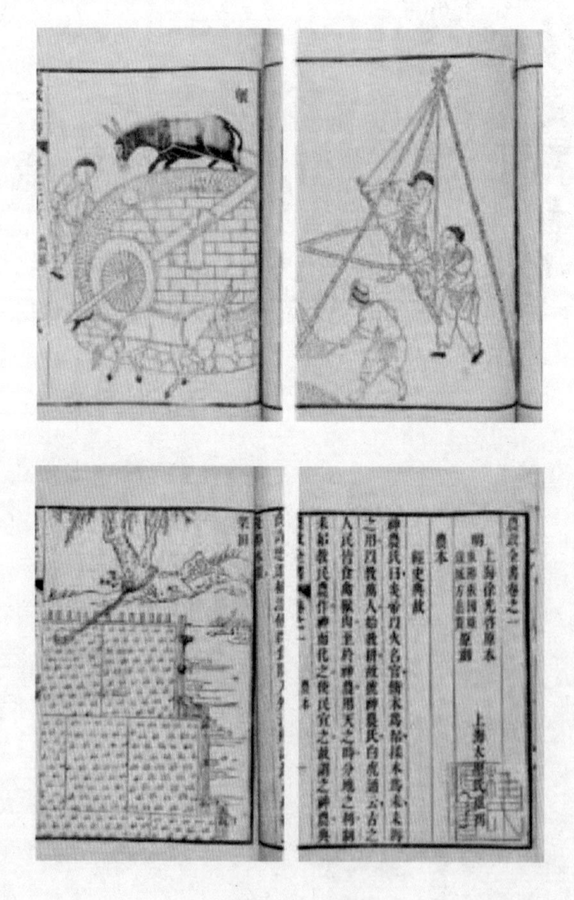

《农政全书》插图

五、以蚕桑化神功

中国是丝绸之乡，有“丝国”之名。早在新石器时代中后期，中国人开始利用野蚕丝来织绢，进而把野蚕驯化成家蚕，还摸索出种桑树养蚕、从蚕茧缫（sāo）丝织绸，并且提供了当时世上最美而时尚的织物，至今不衰。早在战国和秦汉时期，已有人从事以赢利为目的的生产活动，如畜牧、养鱼、木材、果树、经济林木或经济作物生产，但规模较小。许多农家既种粮，又养畜，亦有栽桑养蚕，种植麻、棉、蔬、果、油料，樵采捕捞以至从事农副产品加工。到明清时期，由于太湖地区人口密集，城镇发达，为满足城乡对农产品的需要，创造了一种把粮食（稻、麦等）、蚕桑、鱼菱、猪羊等水陆生产密切联系起来的网络，使各个环节中的废物——茎叶、猪羊粪、蚕屎、河泥等都参加到有机物质的再循环中去。珠江三角洲地区则是把粮、桑、果、蔗、鱼等生产结合起来。此类生产结构所形成良性生态循环，今人亦可继承之。

扶桑与名桑

几千年来关于桑蚕、缫丝和织绸流传着许多动人的故事。传说，扶桑是天帝旁侧的神树，蚕就是上天恩赐的“天驷星”或“天驷龙精”。天驷龙精的食物就是扶桑的树叶。因此，蚕乃天赐的神物，乃上天之造化，可造福人间，而到了地面就要吃桑树叶子了。这样的说法，到了南北朝时期，又从伏羲氏化蚕（神化的天驷龙精），变换为让人感到较为亲切的角色——嫘祖化蚕——天然的蚕。

嫘祖化蚕　　　　蚕

先民化蚕应该有一番曲折。蚕蛹吃桑叶生长，人处理丝茸（即蚕茧）则要麻烦得多（丝的强度高得多），并且只有将蚕丝撕开才能得到蚕蛹。不过，人们终于发现，这很难撕开的蚕丝比麻和葛纤维的品质要好。

甲骨文中的蚕字

西阴村出土的半个蚕茧

在西阴村出土的半个蚕茧，不是手撕开的，而是用刀切开的，这自然受到学者们的注意。

在中国，由于建筑用木材很多，伐木频繁，明清时所剩下粗大的树木不多，千年以上的古树更是稀少。

这些屈指可数的长寿的古树寓意

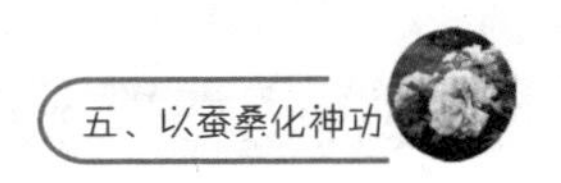

甚多，且多数寓意都是善意的和美好的，已经远远超出了树叶和果实的功用，作为一种文化永远留在人们的心中。

对于桑树来说，树龄达千年以上的只有一株，它位于福建泉州市。在承德市郊有名的棒槌山的石缝隙中有一株古桑，在山东临朐县城关镇也有一株古桑树。它们虽然树龄未达千年，但名气也不小。

泉州千年古桑

先说在1200年前的泉州古桑。泉州的一个员外在梦中见到一个老和尚。这个老和尚有求于员外，希望在他的桑园中建一座寺院。员外虽笃信佛，但失去这么大的一座桑园，仍然心有不甘。为此，员外就提出要求：若桑树枝子开出并蒂白莲（这是不可能的），就献出桑园。只见，扮成老和尚的千手观音腾空而去。虽是南柯一梦，但不久真有和尚来求地皮以建寺院，员外便依旧讲述了梦中提出的要求。只见和尚双手合十，口中念“南无阿弥陀佛”，转身离去。只3天后，桑树枝上果真并蒂莲花开。这样，员外高高兴兴地献出了桑园，建成的寺院便命名为“桑莲禅寺”。至今仍留下一棵千年古桑。雷劈不倒，更加增添了大树的传奇。

棒槌山上的神栽树

河北省承德市东郊有一座海拔550米的山峰，而在峰顶竖着一座形如棒槌的巨石，名曰棒槌山。这根“棒槌”高约50米，姿态挺拔，自然也是声名远播了。令人惊奇的是，在棒槌山的山腰处生长着一棵老桑树。由于它太神奇了，便将这棵树称为“神栽树”或“仙护桑”等。古人对棒槌山多有记载，例如，《水经注》的作者郦道元就认为，这个“石梃”（即棒槌山）“高百余仞”。一些官员做过试验，让兵士射箭，但射出的箭最高也不能到达棒槌山的顶端。遗憾的是，郦道元写的《水经注》中只是记下山石，尚无这棵桑树的记载。人们惊讶，是什么人在棒槌山的山腰处栽下的呢？今人分析，应该是小鸟吃过桑葚后，飞上棒槌山腰处，把消化后的桑葚种子“播撒”在这个山腰的缝隙之中。至今，这棵桑树已长至3米多了，估计树龄已有300年了。

说到桑树，除了桑叶作为蚕的食物，桑葚也作为鸟儿或人的食物，而且是很可口的。在山东有一种桑树叫黑鲁桑，贾思勰在《齐民要术》中对这种桑树称赞有加，还特别称赞“桑葚成熟时，收黑鲁桑”，而《临朐县志》中也记载到这样的黑鲁桑，正是这种黑鲁桑使临朐县的蚕茧产量达到过5万担。黑鲁桑不仅成就了蚕的生长，而且桑葚也是好东西，当地群众认为，食用黑鲁桑葚可以使人长寿。

山东黑鲁桑

山东地区是中国古老的植桑地区，汉朝的司马迁对山东的桑麻种植颇有赞词。中国的湖桑名声很大，但技术渊源却是来自山东（鲁桑）的种植专家。至今在山东地区还能见到一棵明朝的鲁桑，它位于山东临朐的殷家河村。传说，明朝的一位姓许的财主栽下一些桑树，经过几百年，到抗日战争期间，这些桑树遭到毁坏，后来只剩（现在还能见到的）一棵。但今天，这棵桑树的桑葚年产量可达两百斤。位于殷家河村南、龙泉河畔的明朝鲁桑是最有名的。据县志记载，该桑树树龄380年，树高7.6米，主干1.7米，树围3.6米，四大枝干呈开心形伸展，形成平衡匀称的漏斗状树冠，树冠轮廓110平方米。该树被称为山东省“鲁桑之冠”，它是研究古代桑树的活标本。面对这棵古树，不由自主会有“沧海桑田、岁月沧桑、暮景桑榆、饱经沧桑”的感叹！

当地老百姓说，这棵桑树是元朝或宋朝而不是明朝种下的，并传说，在朱元璋当和尚时，曾经从安徽逃难到山东，当来到龙泉河畔的这个大桑树下，摘取桑葚吃，才救了命。

朱元璋称帝后，想起了那可口的桑葚，要封这棵桑树，不幸的是，他错把臭椿树封为万树之王。当然，这棵没有封号的桑树的传奇，至今不衰。

嫘祖的桑蚕之功

黄帝战胜蚩尤后，黄帝被推选为新的部落联盟的首领。他带领部落发展生产，制作衣冠的事就交给元妃嫘祖了，还组织大家做了分工，分别承担冕（帽子）、衣服和履（鞋）的制作，而嫘祖则负责提供原料。

蚕茧和蚕蛾

据说，嫘祖曾在桑树林里发现了一种白色丝团，并注意到一种虫子口吐细丝，并绕成丝团。她对这些丝产生了兴趣，就开始研究如何取丝以及纺织技术，并请求黄帝下令保护这些桑树林。从此，在嫘祖的带领下，开始了养蚕的历史。后人为纪念嫘祖的功绩，就将她尊称为“先蚕娘娘”。

在战胜蚩尤和炎帝后，黄帝从河北涿鹿迁到中原（今河南新郑之地），嫘祖也把当时比较先进的种桑、养蚕、缫丝、织绸的技术带到中原。然而，在正定县南杨庄遗址出土的陶蚕就说明，当时华北平原的桑蚕和丝织技术已比较先进。发展桑蚕和丝织带来的好处使人们对蚕神表示感恩，并开始顶礼膜拜。而徐水南庄头遗址的时代要比嫘祖的传说还要早得多。或许，华北的桑蚕丝绸的进展与嫘祖普及推广养育桑蚕和纺织丝绸的技术有关，对后世产生的影响也很大。

不过，在黄帝和帝颛顼时期，江南的蚕桑养殖和丝织业发达的地区要发展得更好。1958年，考古工作者在浙江吴兴县钱山漾良渚文化遗址（距今4700年）发掘时，发现了一个竹筐里装着绢片、丝带和丝线，其中一小块绢片还没炭化。据科学鉴定，这是家蚕丝织物，平纹组织，密度每厘米48根，相当紧密。纤维截面积达40平方微米，丝素截面呈三角形，是从家蚕茧中缫出再织造的。同时出土了缫丝用具——索绪帚两把，用草茎制成，柄部用麻绳捆扎。

钱山漾良渚文化遗址出土丝织品

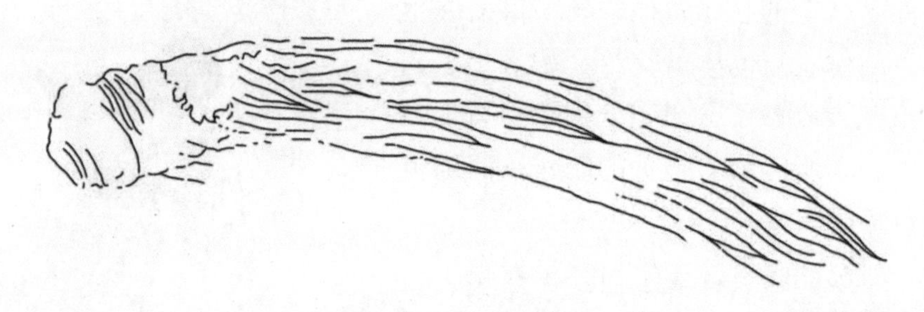
钱山漾遗址出土的索绪帚

如今，在河南荥阳青台村的仰韶文化遗址出土的丝织物残片，丝纤维的宽度有0.2毫米、0.3毫米、0.4毫米的，都是长丝。这个遗址的年代距今已5500年了，比钱山漾遗址要早上千年。因此，目前青台村出土的丝织物是最早的。青台村出土的丝织物残片，单茧丝截面呈现三角形，面积为36—38平方微米，是桑蚕丝。山西夏县西阴村的半个蚕茧距今6000—

青台丝织物残片

5600年间。

到周朝，国家更加重视桑蚕业，每到孵化蚕的季节，周王后都要出席“亲桑”和“亲缫”的礼仪，以示王室的高度重视。周王室还设有“典丝”的官，掌管丝绸的事务。可见丝织业很受重视，从已出土的周朝丝织品种类看出其丝织业之发达。从组织上看，有无花纹的，也有提花的绮和锦，还出土了丝被、丝绳、丝带和刺绣等。

战国时期青铜器上的采桑图

其实，驯化野蚕并非只是传说，当然，养蚕人大多注意的是桑蚕，其实还有一种“柞（zuò）蚕”。养殖柞蚕的发源地是在山东半岛。在古人的记忆中，最早记下山东人驯养柞蚕的时代是公元前40年。当时山东蓬莱和掖县（今莱州）的古人就进行采收野生的柞蚕茧，并用这种蚕丝制成丝绵。经过长时间的观察和积累经验，逐渐发展成用柞蚕丝来织出新的绸缎品种。据说，在明朝，这种柞蚕丝织成的丝绸和制作的衣物还风靡一时。

到明朝，山东人养柞蚕的日渐成熟，也形成了一些放养的流程。清朝的一位山东益都县人孙廷铨写成《山蚕说》。此书记载，在胶东一带的山区，人们放养柞蚕的面积很大。这种活动还流传到别的地区，甚至传到辽东地区，使辽东地区成为中国第二个养殖柞蚕的中心。

创用野生的蚕丝

蚕是鳞翅目昆虫，种类较多，但都分属于天蚕蛾和家蚕蛾两科，也都是野生的。野蚕能吐丝作茧。大概在新石器时代中期，有些聪明的先民看到树上的野蚕茧丝，受到启发。在此前，先民已会用野生的麻、葛的茎皮，加工成纤维，结绳织网和纺纱织布，也可用野兽的毛来纺织的。先民穿的衣服主要是麻葛纤维织物做成的。用麻葛茎皮加工成纤维比较麻烦，太费工夫。野蚕丝或可使人想到，是否可利用这种结实的纤丝，像利用麻葛纤维和兽毛那样纺织成丝织品。传说，人们将以野生桑蚕丝织成稀疏的丝织品的首功归于伏羲氏部族，伏羲氏正是以植物纤维结绳织网，用来捞鱼鳖、捕禽兽著称的。

新石器时代人类利用麻葛进行简单的纺织加工过程

1978年，考古工作者在浙江余姚市河姆渡遗址发现了一个距今6700—6000年的象牙雕刻小盅。它的“平面呈椭圆形……中空作正方形，圆底，口沿处钻有对称的两个小圆孔，孔壁有清晰可见的罗纹。外壁雕刻有编织纹和蚕纹的图案一圈。外口径4.8厘米，高2.4厘米”。口沿处还钻有对称的两个小圆孔，大概是便于穿绳悬挂起来。最令人感兴趣的是，由4条似乎在蠕动着的桑蚕组成的图案，它们身上的环节数都与家养桑蚕相同。这说明河姆渡的先民已经饲养家蚕，并可能利用它的丝，这会为百姓带来很大的益处。在新石器时代的中晚期，人们往往将衣食之源神化，并加以顶礼膜拜。这个象牙小盅固然可以当作工艺品来欣赏。不过在先民的心目中，悬挂着它，可能也是对蚕神的感恩和崇拜。这个小盅外表的“织物纹”和“蚕纹”很容易让人联想到远古时期丝织活动的场面。

河姆渡遗址出土的象牙雕蚕

在河姆渡遗址出土的另一个“稻穗纹陶盆”。面上刻有稻穗纹和猪纹（残）。或许，让人联想到积猪粪肥的场面。如果，猪、狗、水牛都已被驯化，而蚕呢，已被“家养”似乎也不是什么问题。当然，最好能有更加有力的证据，证明河姆渡的蚕乃家养。而从逻辑上讲，野蚕丝可用于纺织，而7000年前的先民已对蚕有了较多的认识，5000年前应该有家蚕了。

稻穗纹陶盆

辽宁锦州市沙锅屯遗址（距

今4000多年）出土的有几寸长的大理石家蚕雕刻、河南安阳市大司空村商朝遗址出土的玉蚕以及商朝青铜器上的蚕纹，恐怕都是崇拜蚕神的产物。事实上，商朝甲骨文中，也的确有祭祀蚕神的卜辞。在河南巩义市的双槐树遗址出土了牙雕的蚕，距今5000多年了。

河姆渡遗址出土的陶纺轮（上）和骨管状针（下）

由于钱山漾出土的丝织物属于那种表面很光滑的织物，织物的条纹也很清晰。专家认为，这应该属于先缫丝后纺织的产品。这些丝织物反映出，吐丝的蚕不但是家养的，而且缫丝的技术已比较成熟了。稍后的河姆渡遗址，此处发掘的家畜猪、狗、水牛相关文物及农具骨耜等，说明定居在河姆渡的古人已经从渔猎生产方式过渡到农耕生产方式，所居住的房屋是木结构的住屋。对于河姆渡人的穿着，应该是，夏天把用草筋绑缚好树叶，再披在或围在身体上，也可能会织些“布”。在河姆渡出土的陶纺轮（缚）、骨针、管状针、刀、匕、织网器、小棒等物品，这都与原始的纺织活动有关。这是在1973年挖掘时出土的物品。考古人员猜测，或许还发明了较为原始的“踞织机”，果然在1977年组织的河姆渡遗址的发掘工作中，出土有骨机刀、木卷布棍和木经轴，都是织机的构件。

说到桑蚕，青台村的发掘缘起于1922年瑞典人安特生的助手阿尔纳的发现，1934年，考古学家郭宝钧与同事一起进行首次发掘，20世纪80年代在此地组织6次发掘，才发现距今5800—5100年前的丝织物——罗。双槐树遗址出土了野猪獠牙雕刻的蚕。

蚕的传说和蚕丛氏的故事

蚕的生长过程中是有一些神奇色彩的，吃树叶能吐出细丝，缫丝后还能织成绫罗绸缎。因此，在民间也流传着一些带神话色彩的传说。流传最广的就是“马头娘”了。对此，荀子在《蚕赋》中写的似乎并不明确。他写道：“此夫身女好而头马首者与？”这句话并不复杂，但好像话是“倒着说”的。照着字面的意思说，蚕“不是身体像柔婉的女性，而头像马头的那个（谜底）吗”？这是指一个长得较大的蚕，像一个柔弱的女子而显示着娇小的身躯，并且身躯的前半部很像一个马头的外形。这可能是荀子联想到民间流传着“马头娘”的故事。此不赘述，在后面的《蚕赋》中有详细讲述。

马头娘

后来，这个故事还被晋朝文学家干宝（生平不详），记述在他的《搜神记》之中。干宝写道：

> 旧说，太古之时，有大人远征，家无余人，唯有一女。牧马一匹，女亲养之。穷居幽处，思念其父，乃戏马曰：“尔能为我迎得父还，吾将嫁汝。”马既承此言，乃绝缰而去。径至父所。父见马惊喜，因取而乘之。马望所自来，悲鸣不已。父曰：“此马无事如此，我家得无有故乎？”亟乘以归。
>
> 为畜生有非常之情，故厚加刍养。马不肯食，每见女出入，辄喜怒奋击。如此非一。父怪之，密以问女。女具以告父，必为是故。父曰：“勿言，恐辱家门，且莫出入。”于是伏弩射杀之，暴皮于庭。
>
> 父行，女与邻女于皮所戏，以足蹙之曰：“汝是畜生，而欲取人为妇耶？招此屠剥，如何自苦？”言未及竟，马皮蹶然而起，卷女以行。邻女忙怕，不敢救之，走告其父。父还，求索，已出失之。

后经数日，得于大树枝间，女及马皮，尽化为蚕，而绩于树上。其茧纶理厚大，异于常蚕。邻妇取而养之，其收数倍。因名其树曰“桑”。桑者，丧也。由斯百姓竞种之，今世所养是也。言桑蚕者，是古蚕之余类也。

干宝的述说颇近白话，且大意浅显，讲的是一句玩笑酿成的悲剧，而讲桑的含义，以及“言桑蚕者，是古蚕之余类也”。在《四川通志》《太平广记》和《蜀图经》的文献中也有类似的记载。

马头娘也是四川人。据《四川通志》上记载，她的墓地就在“什邡、绵竹、德阳三县界、石亭江北岸”。《蜀图经》对马头娘还作了说明，即“马头娘者，古之蚕神也”。高辛氏就是帝喾。在上文中，已从出土的实物中讲到丝织物出土之早，并非一人、一地之所发明。或许，四川人重视马头娘，也意在马头娘乃四川之土著；或许对四川人的蚕丝业发展大有贡献，甚至民间都把蚕丛氏都忘掉了吗？其实不会的，李白的诗“蚕丛及鱼凫，开国何茫然！”就是明证。

青衣神

四川地区名“蜀”，在四川地区还流传着一个蚕丛氏称王的时代，这个时代大约在周朝。“蚕丛氏”也是养蚕的创始者。蚕丛氏重视农桑，并教民蚕桑，因此在西南地区为蚕丛氏建庙，以纪念之。由于蚕丛氏喜欢穿着青色的衣裳，蚕丛氏也被称为“青衣神”。这些庙宇还被称为“蚕丛祠”或“青衣庙”。

在一本古书《仙传拾遗》中记载，在传授蚕桑技术之时，蚕丛氏铸了几千个金蚕（即铜的），在每年开始养蚕之初，就把金蚕发给一些养蚕有绩效的农户。如果这是真的，这些拿到金蚕的农户往往就会更加努力从事桑蚕的生产。据说，蚕丛氏曾定出集市交易的日子（二月中旬），这就形成了“蚕市”的风俗，百姓都去赶“蚕市”的大集。苏辙曾写诗《蚕

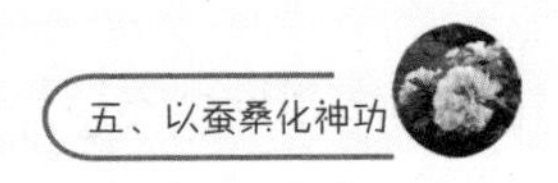

市》，这是他的《记岁首乡俗寄子瞻二首》——蚕市

枯桑舒牙叶渐青，新蚕可浴日晴明。前年器用随手败，今冬衣着及春营。

据说，在今天的四川，每年 2 月 15 日，集市中往往有买卖蚕具的。

在民间流行着“蚕花会”，这是蚕乡一种特有的民俗文化，在清明节期间举办的民俗活动。蚕花会上，有迎蚕神、摇快船、闹台阁、拜香凳、打拳、龙灯、翘高竿、唱大戏等多种活动，也进行蚕丝和绸缎的交易活动。

蚕花会

缫丝的工艺

蚕丝的主要成分是丝素和丝胶。丝素是茧丝的本体，是近乎透明的纤维，不溶于水。而丝胶包裹在丝素之外，是带黏性的物质，易溶于水，特别是热水，但丝素却不溶于水。将蚕茧内的蚕蛹除掉后，把蚕茧放到热水里去，丝

索绪缫丝

胶就可溶解，丝素与丝素便于分开。缫丝正是利用了丝胶与丝素的这个不同性质。用索绪帚把丝头挑出来，卷到丝轴上去。这就是缫丝了。可见，缫丝的过程包括煮茧、索绪、集绪等工序，把蚕丝从煮茧锅中取出来，再经过绞经丝和纬丝、并丝和加捻诸工序，使之成为织造所用的经丝线和纬丝线。一个蚕茧就是由一条蚕吐出的一根长丝卷绕而成的。缫出的丝就可以根据需要加工成各种丝织品。缫丝的作用对于丝织品的质量是一个关键所在。

索绪缫丝

丝的质量与水温有关，温度太高会使脱胶不均匀，温度太低则会使出丝不畅。所以，在操作之时，要有一些技巧。在缫丝之后，还要在楝木灰或蛤壳灰水之中浸泡，而后在日光下曝晒，以进行充分的漂白。对于水温的控制，在宋朝已经可以精确地进行把握了，而宋朝之后又出现了“冷盆法”。这种方法是将煮茧与抽丝分开，而煮茧与抽丝不分开者称为“热釜（法）”。冷盆法的速度要慢些，但在明朝之后仍然发展成为主流的工序。

汉朝缫丝车

“冷盆法”插

最早的缫丝工具是带有铭文“壬繭”（茧）的青铜器甗（yǎn）。这是一种蒸器，下为三足，上部是一个锅形的容器，中间有带孔的隔层。在缫丝之时，可将蚕茧挡住，只能在上面，而不能落入足袋。甗上面可安装一个木架。操作者可在木架上同时抽出两绪丝，抽出的丝就绕在丝籰（yuè）上。至迟在秦汉之时，手摇缫车已推广开来，宋朝的脚踏缫车已被普遍应用。这种缫车已与近代的缫车差别不大。

宋朝脚踏缫丝车

元明时期南缫车

相土开创的事业

从商朝开始，用蚕丝织绸子已较为普遍了。殷族的祖先是契，他有一个孙子叫相土，相土在畜牧业的发展上贡献很大。当时，殷族活动在易水流域和渤海湾一带，在相土即王位后，殷族的活动范围发展到济水与黄河之间。相土的名声还来源于他是马车的发明人，殷王王亥是牛车的发明人。这些交通工具为经商带来了方便，史书上称为“远服贾”，即可到远方去做生意了。以至于在春秋时的管子认为：“殷人之王，立帛牢，服牛马，以为利民，而天下化之。”（《管子》）这说明，在殷商的相土和王亥时期，牛车和马车方便了运输，而引文中特意指出运输丝绸织物（帛），当时的丝帛也许可充作交换的媒介（如货币），丝绸产量也比较大了。

商朝的成束麻和成束丝

成汤祷雨

从甲骨文的记述来看，其中已有采桑丝帛这样的字出现，而且对蚕神的祭祀活动也是比较隆重的，如一个甲骨片上的记录是“贞元示五牛,蚕示三牛。十三月”。意思是，在某年的十三月（闰月），占卜祭元示上甲用五牛，祭蚕示用三牛。这里的“元示”是殷人之祖上甲微，殷人把蚕神与上甲微一起祭祀，可见殷人对蚕神之重视。统治者与国人一样，都认识到祭祀活动要隆重些，否则对于桑蚕的生产会产生不利的影响。在后世还流行着“成汤祷雨”的故事。祈祷上天下雨的内容和仪式，历代都搞，仪式也差不多。但是，在经历了5年的大旱之后，成汤（商王朝的开国之君）到“桑林”去求雨。这是否也意味着，老天要下雨救天下苍生，并且要先在这些“桑林”下雨吧！据说，这桑林中就有殷人的宗庙，而这样的宗庙之地周围都是桑树，且可成林，可见栽种桑树受到后人的重视。

在殷商王朝的后期，武丁是一个有为的君王。据说，他在位期间，非常重视蚕业发展。在一块甲骨片上记载着，“戊子卜，乎省于蚕”。研究甲骨文的文字学家胡厚宣认为，“乎省于蚕” 的意思是，快些派人去查看蚕事。据胡厚宣讲，类似的内容有9次之多。这说明，蚕业在国家发展中具有多么重要的地位！另外，殷人对于天神一再显示对蚕的生产施加的影响，也使国家不敢掉以轻心。

古人有殉葬之风，殷商的君王对殉葬是很严格的，今人挖掘这些墓葬时会发现像玉器和青铜器的殉葬品，一些殉葬品上还包裹着丝绢。今人依据这些出土的铜器上的残迹，就能断定器丝织品的水平。据瑞典女科学家西尔文研究两件殷商的铜器上的残绢，发现其水平已达到“绫织的高级阶段”。可以推测，在殷商之前，“应该有一段发展过程”（夏鼐）。从浙江湖州钱山漾出土的丝织品可见，在这个发展过程中，丝织业一直是在稳步发展着的。

古人留下的采桑与丝织的记忆

在中国历史上，周朝的《诗经》被奉为儒家经典，其中科技内容也一直受到重视，而有关蚕桑和丝织的发展也都有所体现。在周朝以前，对蚕事活动的记述还不多，进入西周，有关蚕事活动的记载就多起来了，这包括《诗经》的编写者。

在《诗经·豳风七月》（豳，bīn）中，人们追述了周祖先公居住在豳地时的一首关于农事的活动。对农桑活动，作者写道：“春日载阳，有鸣仓庚。女执懿筐，遵彼微行，爰求柔桑。”可见，在西周时期，民众的采桑活动已很普遍了。在春天，人们去采桑叶时，听着黄莺的鸣叫，背着筐，沿着桑树间的小道行走着，去摘取那些嫩叶。

甲骨文“桑”

在《豳风·七月》中还有这样的句子，即“蚕月条桑，取彼斧斨。以伐远扬，猗彼女桑。”蚕长大些，就要采“条桑”上的叶子了；而这样的枝条要用斧子砍枝条，先砍那些高扬的枝条，并把带着叶子的枝条带回去。这首诗中还有“七月鸣鵙，八月载绩，载玄载黄，我朱孔阳，为公子裳”。大意是说，当“鵙”（伯劳鸟）的歌声逝去，纺绩的产物就显露出来了；还要为丝绸染色，有黑色和黄色的。而人们喜欢且漂亮的是朱红色，用于为公子做衣裳。在《诗经》中还有《魏风·十亩之间》，其中写道：

十亩之间兮，桑者闲闲兮，行与子还兮。
十亩之外兮，桑者泄泄兮，行与子逝兮。

从这两段诗文可见，在西周时期，已出现很大的桑园（“十亩”左右）了。当时桑树品种主要分为两类，即高桑和矮桑（今天谓之“地桑”）。

当然，2000 多年前的桑园早已消失了，但是那时的桑园或采桑的场景还是在一些不易朽坏的青铜器上留下了一些记忆。例如，渔猎攻战图、宴

镶嵌采桑图案的宴乐水陆攻占纹壶

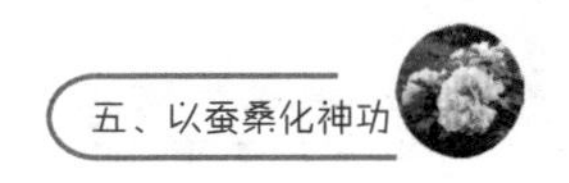

乐射猎采桑纹壶、采桑猎钫、采桑猎纹壶等。在这些青铜器的表面上还是能看到一些古人采桑的场面。

采桑图案展示图

渔猎攻战图和宴乐射猎采桑纹壶上的场面比较大，其中有打猎、酒宴和采桑的场面，在“宴乐射猎采桑纹壶”上的场面也比较生动。乔木桑下，采桑的人把采的叶子放在筐内。画面中的桑树是经过修剪的，因此树冠是散开的。采桑的是年轻人，在树上；老年人则在树下，头向上，告诫着年轻人。在“采桑猎纹壶”中的采桑人，手拿着斧子，用斧子砍下枝条，因此，这是一种低干桑，使摘取桑叶更加方便，并且符合“取彼斧斯，以伐远扬”的说法。

在战国时期，植桑与养蚕受到国家的重视，在《管子·山权数篇》中介绍了当时的一些规定，即“民之通于蚕桑，使蚕不疾病者，皆置之黄金一斤，直食八石，谨听其言，而藏之官，使师旅之事无所与”。由这段记述可见，对于百姓中精通养蚕技术的“专家”，要为植桑者和养蚕者讲解技术和介绍经验，并给予优待——可免除兵役，甚至还奖赏黄金。

官家也很重视农事活动，要“王亲耕，后亲蚕”。在《礼记》中记载，而亲蚕活动定在二月。这时还未到采桑和饲蚕之时，而是要进行“浴种”，书中还记载，“天子、诸侯必有公桑蚕室，近川而为之。筑宫仞有三尺，棘墙而外闭之”，“奉种浴于川，桑于公桑，风戾而食之”。这就是说，蚕室要构筑在河边，要高些，

蚕茧的储存

但要密闭；蚕种要洗干净，在露水中采回的桑叶要风干（“风戾”）后再喂蚕。可见，这种生产经验和注意事项都固化成“礼”，按着一种近乎“程式”而作业，来要求。这种活动在荀子《蚕赋》中也有所记述。谢枋得《蚕妇吟》中写道：“子规啼彻四更时，起视蚕稠怕叶稀。不信楼头杨柳月，玉人歌舞未曾归。”

在养蚕活动中，先秦时期的养蚕人就知道，要用清水洗蚕卵。3世纪，饲养者对于养蚕的房间有恒温的要求。元朝的《士农必用》中对于蚕生长的各个阶段的室温要求都有比较详细的说明。在晋朝时，对于蚕病已有认识，即微粒子病被称为“黑瘦”，软化病被称为“伪蚕”。据《齐民要术》中的记载，为免蚕病，要选好蚕，用盐腌贮藏来防蚕病。宋元之时，贮存蚕用盐渍，也出现了日晒和笼蒸之法。原来常用的浴蚕之法，改进为朱砂温水浴法。明朝则用天露，或石灰水，也有用盐水，或别的能消毒的溶有某种药物的溶液。这些方法对于防止蚕病很有效，也很容易做到，且便于普及。

从鲁桑到湖桑

湖桑来源于鲁桑，它的形成历史长达千年。

兖州的濮凤曾到嘉兴的北草荡（后来名之为“濮院”）居住，并在此推广鲁桑嫁接技术，在嘉兴和湖州一带培育出一种矮干桑树。这使杭嘉湖地区逐渐地普及开新的良种桑树，今天称为“湖桑”。但是，在当地并没有“湖桑”的名称，而是外地人来此地慕名取种时而名之为“湖桑”。

濮凤

濮凤（字云翔）的原籍是山东曲阜亲贤乡。宋高宗建炎元年（1127年），濮凤与弟凰（字云隐）南渡，曾寄居广德。3年后至临安（今杭州），后至语溪梧桐乡幽湖（今浙江省嘉兴市桐乡濮院镇）。当时幽湖是一个草市，因历来有“凤栖梧桐”之说，适与名字相符，便定居于此。濮凤又因拥立宋理宗有功，赐第名为“濮院”。濮凤为濮院的始祖，他出生在孔子故里，受过良好的文化熏陶。南渡后，年青的濮凤被任命为著作郎（皇帝的秘书长）兼羽林中尉（皇帝贴身的卫队长）、护圣军右骑尉（骑兵副司令，古时打仗以骑兵为主要兵种）。濮凤与德阳公主结婚后，赵构封他为驸马都尉（京城卫戍司令）。与金国和谈后中止了战争，逐步恢复了社会和生产秩序。数十年后，濮凤及部下只能定居当地，他的军屯也逐渐演变成 “濮氏山庄”。

濮凤南渡

湖桑是对杭嘉湖一带桑的一种笼统的称呼，其实细分起来，当地的品种是很多的，至今已达百余种。例如，望海桑、红顶桑、白条桑、桐乡青、嵊县青、睦州青、诸暨黄桑、余杭荷叶白，等等。另外，当有外地人来湖州地区引进新品种，也常常把当地桑笼统地称为“湖桑”。

湖桑

例如，19 世纪中叶，包世臣写的《郡县农政》(《齐民四术》中的一术——“农政”篇）中有，“桑有两种。鲁桑一名湖桑，叶厚大而疏，多津液，少椹；饲蚕，蚕大，得丝多。荆桑，一名鸡桑，又名黑桑，叶尖而有瓣，小而密，先结子，后生叶；饲蚕，蚕小，得丝少。”今天的湖桑依旧是名品，并且向全国普及。

元朝，北方系的鲁桑，桑叶产量高，桑树的寿命比较短；南方系的荆桑桑叶产量低，但桑树的寿命比较长且适合于当地的环境。王祯认为，可以用荆桑作砧木，而使用鲁桑的树条儿（作接穗）接之，这样的措施就能保证新培育出的桑树寿命长，桑叶产量也会提高。后来，人们也注意到，在外来的“家桑”与本地的“野桑”之别，而家桑就是鲁桑。把鲁桑和荊桑嫁接技术传到南方的是濮凤的功劳。山东的蚕桑类的农事一直是受到重视的，如蒲松龄的《农桑经》就是一例。

两篇《蚕赋》的赏析

古人写的《蚕赋》名篇有二。一位作者是荀况，另一位是西晋的杨泉。荀子（约前313—前 238）是战国末期赵国人。著名思想家、文学家和政治家，世人尊称“荀卿”，又称孙卿。曾 3 次出任齐国稷下学宫的祭酒，后为楚国的兰陵令，并老死在兰陵。

荀子

作为一名思想家，荀子留下了 32 篇文章，后被集成并命名为《荀子》。这里关注的是他的《蚕赋》。其实此篇并无名称，而后人名之为“蚕赋”。这个“赋”是由5个段落组成，总共不到170个字。

荀子的这5个段落，每个段落述说一个事物，都用问答的方式，并在篇末点明所讲述的事物。这篇赋的风格独特。就好像猜谜语，先写出谜面，再同猜谜者一起一层一层地去剥离，直至显出谜底。通常，猜谜这样的活动是为了好玩，或搞个智力游戏。但是，《蚕赋》并非纯粹的猜谜，也不是搞文字游戏，像借题发挥，是为了曲折地反映作者的一些想法。由此可以了解荀子的一些观点。

由于《蚕赋》太短，因此全文抄录于此，以方便读者的欣赏。

有物于此，儳儳兮其状，屡化如神。功被天下，为万世文。

礼乐以成，贵贱以分。养老长幼，待之而后存。

名号不美，与暴为邻。功立而身废，事成而家败。弃其耆老，收其后世。人属所利，飞鸟所害。

臣愚而不识，请占之五泰。

五泰占之曰：此夫身女好而头马首者与？屡化而不寿者与？善壮而拙老者与？有父母而无牝牡者与？冬伏而夏游，食桑而吐丝，前乱而后治，夏生而恶暑，喜湿而恶雨。蛹以为母，蛾以为父。三俯三起，事乃大已。夫是之谓蚕理。

这里的“五泰”即“五帝”。荀子说，蚕音同“残”，可见，蚕的“名号不美”“与暴为邻”。但蚕的品德美好，吃桑叶、吐蚕丝，作蚕茧。人们利用这种蚕茧抽出丝，制成绸缎，做成漂亮的衣服。同时，一些茧子可把化成蛹的容纳其中，再变成蛾子、再产卵，收藏的卵待孵化之后，产生新的蚕。

荀子形容蚕的一生是，“功立而身废，事成而家败。弃其耆老，收其后世”。这是对蚕德行的称颂。另外，还告诫养蚕者，蚕的习性是“冬伏而夏游，食桑而吐丝，前乱而后治，夏生而恶暑，喜湿而恶雨”；并且还告诫，“三俯三起，事乃大已”！这个“三俯”是指蚕的三眠。这是说，一个蚕从幼年到壮年要经过三眠、三次蜕皮，每蜕皮一次就长一些，蜕皮之后又接着食桑叶的蚕被称为“起蚕”。在“眠”和“起”之时，

蚕的生长过程组图

养蚕者都要很细心。从现象上看，这个过程显得很神奇，好像是一个“死而复生”的过程。或许正是这样的变化，使一些有钱人，在他们的墓中放些玉质的或金质的蚕，期盼有一天他们能从墓中“起死回生”吧！这种放在墓中的蚕的做法，逐渐成为一种墓葬文化。河北正定县南杨庄仰韶文化遗址（距今 5400 年）就出土有数枚陶蚕蛹，当考古工作者从这些墓穴中挖掘出玉质的蚕，或许已经忘记墓主人的“初衷”，而去欣赏工匠那高超的工艺了！的确，在许多博物馆都能看到一些很精致的玉质蚕，晶莹剔透！更早的还有河南巩义市双槐树遗址的牙雕蚕。

荀子对于四月到六月的蚕的生长印象深刻。通常，在四月要为蚕卵加温（叫“催青”），五月初孵化出来的叫“蚁卵”，到六月就化蛾产卵了。这一段生长发育，身体变化很明显。产下的卵就要迎来十个月的“休眠期”了。这就是荀子说的“冬伏而夏游”。这就是今天最常见的一化性蚕品种。

荀子也描述了吐丝的过程——“食桑而吐丝，前乱而后治”。这就是，一开始蚕吐出乱丝，可形成“茧绵”或“茧衣”。当网成茧腔之后，吐出的丝就不乱了，而是一种有序吐出的“8”字形的丝片，一片贴着一片，紧凑又均匀。这样吐丝要持续3个昼夜，最后才形成了密实又坚厚的丝

缫丝索绪

茧壳。人得到它就可以进行缫丝了。当然在缫丝之时，要格外细心，还要借助一个简单的工具——索绪帚，找到“丝头”，抽出蚕丝。一个蚕茧能抽出的丝线长度要超过1千米。这个“前乱而后治”，对蚕吐丝成茧是一个形容；更形象的是，在用索绪帚抽丝的过程中。所以，在汉语中“头绪”这个词，应该是与缫丝过程密切相关的。荀子是不是从蚕的生长悟出了社会发展中的某些因素的作用呢？

杨泉

杨泉（生卒年不详），是西晋梁国睢阳（今河南商丘睢阳区）人，他是玄学崇

有派的代表人物，曾仿扬雄的《太玄经》著《物理论》16卷、集2卷。他也曾写过一篇《蚕赋》。

天下第一名丝

秦观

在长期的养殖活动中，人们也在大量积累的经验基础上著书立说，现存最早的养蚕专著是北宋著名文学家秦观（1049—1100）的《蚕书》。书分10目，较系统地记述了蚕的生活习性、饲养管理方法以及缫丝技术和工具等，实用价值很高。

由于北方频繁战乱，大量人员逃到南方，使经济的重心逐渐迁移到南方，特别是在太湖流域不断发展成蚕业生产中心，并且逐渐发展出一些名品，如湖州的“湖缬”、安吉和武康的绢、吴兴的“樗蒲绫”等。这些绫子和绢也用于作画，如曹昭在《古画论》中所指出的，“宋有院绢，有密机绢，极匀净厚密，出魏塘宓家，故名宓机。后人赵松雪、盛子昭、王若水多用作绢画”。一些人还注意到濮凤对丝绸生产的贡献，他晚年退归林下，除了普及鲁桑种植，也搞起蚕丝织物的产业，濮院生产的名品，谓之“濮绸”。“濮绸”很出名，元朝以来，已流行了几百年。可见，濮凤贡献之大。

《蚕书》

湖州，人杰地灵，桑蚕的生产技术不

断得到改进，所生产的丝品，其质量也不断提高。与此相对应的丝品，湖州产的丝的质量更好，名声也更大，传播得也更远。为此，人们把湖州出产的丝称为“湖丝”，而在湖丝中最有名的丝叫“七里丝”。

说到“七里丝”的名气，这与湖州的一个地名有关，在今天湖州市南浔区下属的一个村叫辑里村，它在南浔西南且离南浔 7 里的地方。这里出产的名丝被称为“辑里丝”。由于当地发“辑”与“七”的音不分，久而久之，辑里村就读成了“七里村”，而辑里丝就念成了“七里丝”。这种名丝照例要写进当地的志书之中，如周庆云撰写的《南浔镇志》（1920）中写道：“辑里……明相国温体仁居此。有万善庵，居民数百家，市廛栉比，农民栽桑育蚕，产丝最著名甲天下，海禁既开，遂行销欧美各国，曰‘辑里丝’。”可见，七里丝的名气之大。

辑里湖丝

也有从研究的角度对辑里丝进行评述的，例如，赵鼎之撰写的《辑里湖丝调查记》（1932），其中写道：“辑里乃太湖之滨之一小村落，曰辑里湾，位于江浙两省之边界，介于南浔（属浙江湖州）震泽（属江苏之吴江）两大镇之间，地虽偏僻，农民则习于养蚕，加以湖水澄清，蚕儿既以湖桑之肥润，得天独厚；又有澄莹纯洁之湖水，供其精制，故色泽极佳，夙为外人所称许，销场遍于欧美。”由于辑里丝声名远播，它成为湖丝的代名词了。

湖丝名声之远播还与著名的旅行家马可·波罗有很大的关系。据说，他对丝绸充满好奇，在华期间到太湖流域进行调查，在杭州城内，他专门到那些发出机杼声的住户内去看织户纺织的情景。后来，在他的“游记”中对于湖丝和湖绸作了介绍。而“七里丝”在明朝中叶以来就名声大噪了。万历进士朱国桢对杭嘉湖地区的风物有一些描述，即“湖地宜蚕，新丝妙天下。又湖丝唯七里尤佳，较常价每周必多一分，苏人入手即识，用织帽缎，紫光可鉴。其地去余镇（即南浔）仅七里，故以名”。这说明，到明朝中叶，“七里丝”的名声就已经不小了。在朱国桢的记述中可以看到，由于“七里丝”的价钱比“常价每两必多一分”，所以鉴别是很重要的，其中的奥妙在于“紫光可鉴”。由于“七里丝”的质量好，要织出好的丝织品大都要使用“七里丝”。例如，福州的丝绸、漳州的纱帽，“粤缎”，特别是“粤纱，金陵苏杭皆不及，然亦用湖丝”。北方知名的“潞（州）绸”（潞安产），江宁（南京）、苏州、松江的丝织业大部分甚至全部都要用湖丝的。

六、以力巧灭害虫

在庄稼的生长过程中，庄稼人最怕的就是种种虫害。开始，人们并无防治害虫的办法时只会乞求之。在一些祭祀活动中，也会出现对昆虫的“请求”。例如，在《礼记·郊特性》中有这样的记述，即在年终祭礼时写道：“土反其宅，水归其壑，昆虫毋作，草木归其泽。”这像是“请求”的祭祀语，就是说，水土草木各有其归宿，恳请昆虫不要为害人类的作物！估计人类对于这些昆虫没有什么办法制服它们。

古人治虫的火烧之法

在《小雅·大田》中记述的害虫防治，已不是请求的口吻了。诗人写道：

> 去其螟螣，及其蟊贼，无害我田稚，田祖有神，秉畀炎火。

其中的“螟”“螣（téng）”“蟊”“贼”，分别指的是危害禾黍的心、叶、根、节的4类害虫。为了治理这些害虫，提倡人们要使用“秉畀（bì）炎火”的方法。这种方法是，利用害虫的趋光性，举火灭虫。应该说，这是一种

蝗蝻太尉，传说中他是蝗虫的掌管者，奉着上天的命令施放和消灭蝗灾

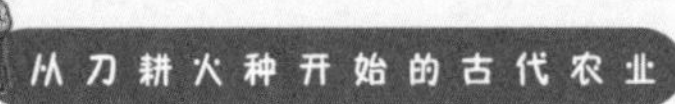

较为聪明的方法。此后，葛洪记载，“夕蛾赴灯而死”的现象。后来，贾思勰也提出来类似的方法，即在果树之下生起火堆，昆虫就飞到火堆投火而死，就不会发生虫灾了。

蝗虫

唐姚崇治蝗

蝗虫最引人注意的习性是趋光性〔“蝻（nǎn）见火光，必俱来处”〕，因此，在一些农书中记载了一些用火光引诱飞蝗之法。在唐朝，一些农书中记述了飞蝗时见到火光，定会扑向火光，人们只需在火光处等待，将蝗虫就地掩埋。而为使这种办法更加有效，应该在无月光之夜实施。古人还发明了一些食物诱杀害虫之法，例如，汉朝的农民就用包扎腊肉的草把子，插在瓜田的四周，可把虫子吸引过来，等草把子上聚满了虫子之后，用火烧之，瓜上就少有虫子了。

宋捕蝗图

防治害虫之妙法

害虫对作物生长的破坏作用很大，农民在田间管理的工作中有很大一部分作业都要针对害虫来进行。古人非常重视借助天然药物治虫的方法，积累了一些经验，并研制出一些天然的杀虫药物。它们大体上可分为两类。就植物性药物来看，白敛可以避虫，苦参可以杀虫，治虫者还有百部、巴豆、烟治、雷公藤、芫花、苦楝花、黎芦等。就矿物性药物来看，有灰剂、硫剂和砷剂。灰剂常用草木灰、炉灰和石灰等，可将这些灰撒到墙角，可吸潮和杀虫；还可以用嘉草或莽草熏，来防虫。硫剂可用熏烟和触杀两种方法，用砷剂主要是蘸秧根和制毒谷等。三国时魏国的吴普也主张使用汞类药或砒霜杀虫。北宋的苏轼写道，木头被虫蛀成洞，可在这个洞中塞入硫黄，以杀死蛀虫。明朝用砒霜拌种子，以杀死“地老虎”。但药物治虫有一定副作用，有的费用还比较高。

农民用自制工具驱蝗

频繁的蝗灾自然引起人们对于蝗虫习性的认识，以使治蝗的措施的针对性更强。例如，“蝗、蝻、子三者，俱喜干畏湿，喜热畏冷，喜日畏雪”。蝗虫还有一个特性：“至夜乃相聚，性好群也。”农学家在长期积累的经验之中总结出来，蝗虫产卵的地方往往是在坚硬、干燥且地势较高的地方，如果在泥土里发现蝗虫

蝗虫产卵

卵，往往只有寸许或再深些，夏天孵化的蝗虫当年产生危害，但秋天孵出的在来年产生危害。对此，徐光启主张秋季耕地，把蝗蝻产于泥土之中的卵翻到地面上来，在冬天可把它们冻死。徐光启还注意到，蝗虫也“挑食”，即它们不喜欢吃像绿豆、豇豆、大麻、芝麻、豌豆和薯芋等植物，在条件许可下，可选种这些作物。

蝗虫孵化

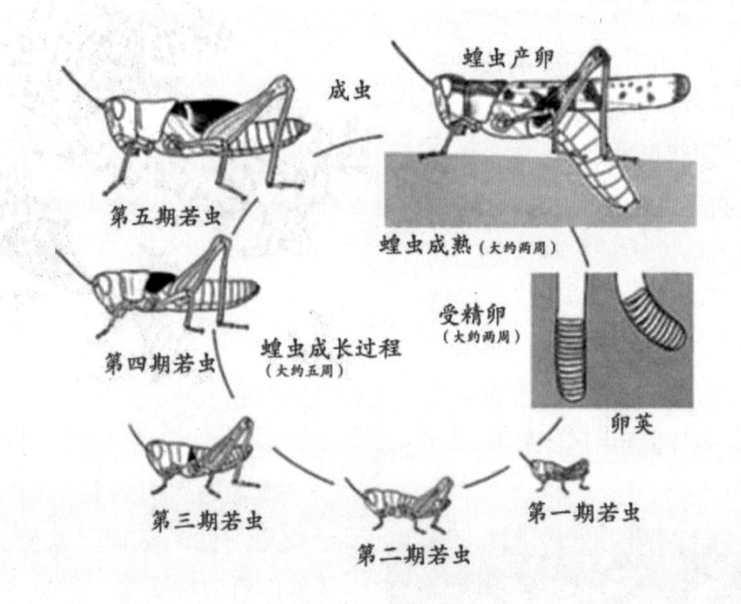

蝗虫的成长周期

蝗虫的“作息”是，早晨的露水使蝗虫难以飞起来，聚集在草梢头，如果是刚刚羽化的蝗虫，翅膀太嫩也飞不起来。因此，在这时杀灭蝗虫的时机较好。另外，蝗虫在“日竿交媾不飞”，也正可以杀灭之。这样的做法可收到事半功倍的效果。

由于在野外作业，虫子随处可见，一些有心人便注意到虫子的生长

《四民月令》书影

规律，甚至被收入书中。例如，崔寔写的《四民月令》中就指出，从正月到夏季，都不要去伐木，这时树正在生长，而且木头中有虫子或虫卵。如果在此时伐木，日后，这些木头中就会生虫。在《四时类要》中也有记载，在十二月伐下竹木，不会虫蛀，因为寒冬腊月虫子少。

农民的田间管理有一些措施对防虫害是有利的。例如，六七月要除去杂草，否则就易生虫子，这些虫子爬上去，吃掉叶子和果实。《吕氏春秋》中还对耕作提出看法，即“其深殖之度，阴土必得，大草不生，又无螟蜮”。类似的，在《蚕桑提要》中也主张，“桑下有草则分肥，且芜秽生虫，宜时常锄掘，务使寸草不生”。

《吕氏春秋》的深耕之法，已成为中国农民的共识，这种深耕可除去害虫的看法也产生了深远的影响。徐光启也提出过类似的观点，徐光启认为，“种棉二年……收棉后周围作岸，积水过冬，入春冻解，放水候干，耕锄如法，不生虫”。这种灌水过冬之法是有道理的，可使潜入土地之中的害虫被杀死。这对于来年的生产有利。

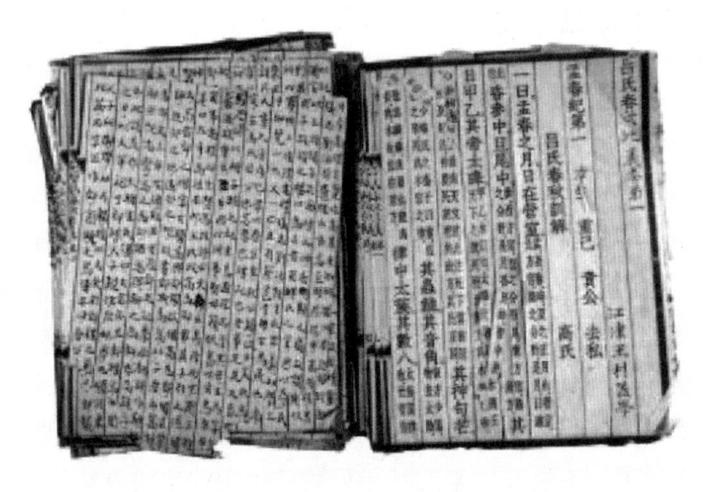

《吕氏春秋》书影

对于轮作，贾思勰曾大力提倡，这也被徐光启所阐发，并认为轮作对于防虫害有作用。他写道：“种棉二年，稻一年，即草根溃烂，土气肥厚，虫螟不生，多不得过三年，过则生虫。”如果每两三年轮换一次，可免生虫害。

对于防虫害，王祯提出过土壤改良之法。他在《王祯农书》中记述其法，即挖起宿土，以蒿草烧之，可杀灭虫卵，并且还能得到一些肥料。如果种些萝卜，可烧些草木灰，并且把石灰撒在土地里，这样就不会生虫了。

归纳起来，古人提出的杀虫之法，多种多样，人们可以根据具体的条件来选择。例如，人们贮存粮食之前，都要曝晒，对此，《齐民要术》中载：“晒麦之法，宜烈日之中，乘热而收。”类似的看法，东汉王充也提出过，即“藏宿麦之法，烈日干曝，投之燥器，则虫不生”。曝晒的好处是，保证粮食干燥，温度较高时可杀死虫卵，有益于贮存。

元朝的《农桑辑要》中记述了用牛骨和羊骨诱蚂蚁之法。农人把有骨髓的牛骨和羊骨放在地头，蚂蚁便附着在这些骨头之上，将这些骨头丢远些，瓜田中就没有蚂蚁了。

生物治虫之妙法

对于借助动物杀灭蝗虫之法也被人们所采取。古人很早就注意到，乌鸦、白鸟、娃类、鹰、雀等动物喜欢吃蝗虫。

明朝陈经纶撰写的《治蝗笔记》中详细地记载了他发明的养鸭治虫的方法。陈经纶也曾从菲律宾的吕宋岛把甘薯引种到福建进行试种并与他的子孙们积极致力在各地推广甘薯种植，甘薯成为普通大众的食粮在很大程度上要归功于陈经纶和他的家人。养鸭治蝗便是陈经纶在推广甘薯种植的技术时发明的。有一年，陈经纶注意到飞来的一群蝗虫，把薯叶全给吃光了，不过又飞来的几十只鹭鸟也把蝗虫给吃掉了。

这启发了陈经纶，鸭和鹭的食性差不多，于是陈经纶便养了几只鸭子，他发现，鸭子吃起蝗虫来更厉害，于是就向当地老百姓建议，要大量养鸭子，以治蝗虫。而每当春夏之间，百姓便将鸭子赶去吃蝗虫。后来，这种方法竟然成为江南地区治蝗的主要办法，不少的治蝗专书中也都提到了这种治蝗办法。

牧鸭图

其实，养鸭不仅可用来治蝗，同时还用来防治蟛蜞。蟛蜞是一种螃蟹，它以谷芽为食，因此，成为稻田害虫之一。明朝，珠江流域地区的人们已开始养鸭来防治蟛蜞对水稻的危害。

蟛蜞

养鸭治虫是中国人使用较为广泛的一种生物防治技术，利用鸭子可以消灭害虫，保护庄稼，同时也促进了养殖业的发展。这也是生物防治史上一项了不起的发明。不过，还有更早的记载。

在柑橘的种植中，古人还做出了一项重大的发明，即生物防治的方法，俗称“以虫治虫”。最为有名的例子是，西晋科学家嵇含（263—306）写的《南方草木状》，其中就有“以虫治虫”的例子。嵇含在书中写道：

柑乃橘之属，滋味甘美特异者也。有黄者，有赪者，赪者谓之壶柑。交趾人以席囊贮蚁，鬻于市者。其窠如薄絮，囊皆连枝叶，蚁在其中。并窠而卖，蚁赤黄色，大于常蚁。南方柑树，若无此蚁，则其实皆为群蠹所伤，无复一完者矣。

唐朝学者段成式在《酉阳杂俎》中也有类似的记述，即“岭南有蚁，大于秦中蚂蚁，结窠于甘树。甘实时，常循其上，故甘皮薄而滑。往往甘实在其窠中，冬深取之，味数倍于常者”。这里提到的岭南“赤黄蚁”，比常见到的“秦中”蚂蚁要大，今人称之为“黄猄（jīng）蚁”，也有“红树蚁”和“织窠蚁”的称谓。这种蚁产于热带或亚热带地区，并常见于柑橘树上。这种蚁在柑橘树上网丝筑窠，并且吞食柑橘树上的害虫。据说，古人（交趾人）就知道这种蚁虫能食用果子上的虫子，就专门收集这种蚁虫，并拿到集市上买。

黄猄蚁攻击蝗虫

宋朝的庄绰在《养柑蚁》一文中说：“广南可耕之地少，民多种柑橘以图利，常患小虫损失其实。惟树多蚁，则虫不能生，故园户之家，买蚁于人。遂有收蚁而贩者，用猪羊脬脂其中，张口置蚁穴旁，俟蚁入中，则持之而去，谓之养柑蚁。”这也曾经以蚁治虫的巧妙之法。

嵇含在《南方草木状》记述的“黄猄蚁”之外，古人还注意到一些

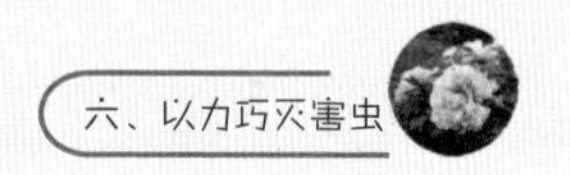

捕食害虫的昆虫。例如，宋朝的陆佃在《埤（pí）雅》中写道："蜻蛉，六足四翅，其翅薄如蝉，昼取蚊虻食之。"苏轼在《东坡志林》中也提到了一种"步行虫"，它可以捕食黏虫。在元祐八年（1093年），有一种子方虫（即黏虫）为害，甚至超过了蝗虫的危害，另外还有一种小蛔虫，它专门食子方虫。它在断掉子方虫的腰之后，就离去，所以这种小蛔虫也被称为"旁不肯"。这种小蛔虫是一种步行虫，也被称为"步甲"。步甲的成虫和幼虫均为食肉性的，且食量比较大，因此成为自然界中对昆虫的数量能起到一定的控制作用。

在自然界中，昆虫的一类天敌是捕食性的蜂。特别是捕食蝗虫的蜂，是极受现代人重视的。如利用蜂治虫的技术，在山东省诸城市的科技人员就利用烟蚜的天敌烟蚜茧蜂来治烟蚜。这种"以虫治虫"的生物防治技术成本低、作用大、效果好。

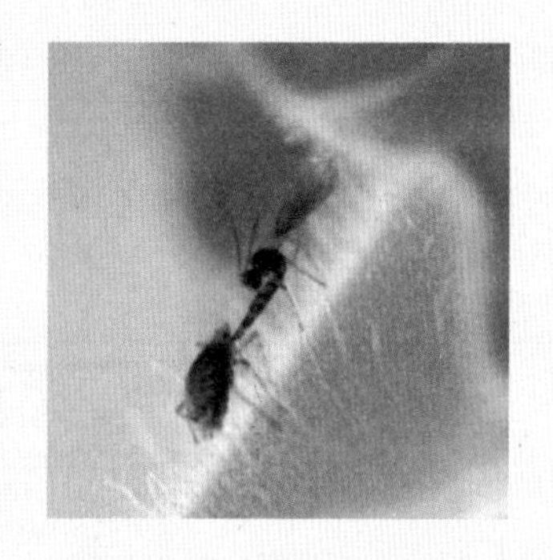

烟蚜茧蜂把卵注入烟蚜虫腹部

姚崇灭蝗的故事

从一些古代文献中可以看到，许多虫灾的主角还是蝗虫。例如，在秦始皇统治时期的一次蝗灾被记录下来。描述的场景是："蝗虫从东方来，蔽天！"据统计，在春秋战国时期，被记载下来的蝗灾达111次。今人还统计，从公元前707年到1935年的2642年间发生蝗灾796次，相当于每3—4年就发生一次。

姚崇

唐朝名相姚崇（651—721），陕州硖

石（今河南三门峡）人。他非常重视对于蝗虫的治理，还成就了治理蝗虫的历史上一件大事。姚崇曾任武则天、睿宗、玄宗三朝宰相兼兵部尚书。在唐玄宗亲政后，封梁国公。力主实行新政，推行社会改革。兴利除弊，整顿吏治，淘汰冗职，选官得才；抑制权贵，发展生产，为“开元盛世”的出现，奠定了政治基础和经济基础。他还被誉为“救时宰相”，与房玄龄、杜如晦、宋璟并称“唐朝四大贤相”。

姚崇曾经记述发生在贞观二年（628 年）六月的旱地蝗灾。一些古人认为，蝗虫是“神虫”，而虫害就是“天谴”，因此，统治者和老百姓都要“修德”。蝗虫灾害多了，就是统治者无德。又由于蝗灾发生在京畿重地。为此，唐太宗李世民（598—649）曾经下“罪己诏”，甚至还吞下了一只蝗虫，并且号召民众除蝗虫、消蝗灾。

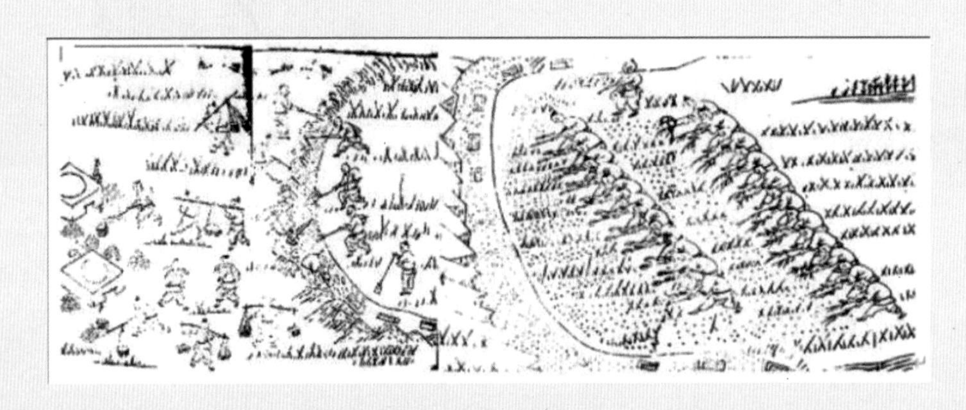

古代捕蝗图

到了开元四年（716 年），山东蝗虫大起成灾，汴州刺史倪若水对姚崇派御史到发生蝗灾的各个州县去督促灭蝗虫的工作有反对意见。倪若水就上表说，蝗虫是天灾，应该“修德”；历史上，由于刘聪（？—318）在位时就蝗灾不断，甚至一次甚于一次。倪若水还表示，他就不会听从派来的御史去灭蝗虫。姚崇自然是非常恼怒，并对倪若水进行申斥。他指出，刘聪是个敌伪政权的首领，他的“德”根本就胜不了蝗灾。相对于当今的皇上，是妖不胜德。如果说，一些蝗虫从某地过境，未造成危害，就是此地的官员修德了吗？或是由于修了德才未造

成蝗灾，难道（当时）山东的官员都“无德”，由此才造成了灾害吗？如果不大力灭蝗，难道就眼睁睁地看着蝗灾肆虐，造成百姓饥馑，于心何忍？

不过，倪若水知错就改，他发动民众，带领百姓，采取开沟陷杀蝗虫蝻（蝗虫的幼虫）和火诱烧之法大力扑杀。他们“收获”了大量的蝗虫，达 14 万担。还将许多蝗虫投入汴渠，不知又冲走了多少呢！但是，许多人还有疑问。为此，玄宗召见姚崇时，姚崇明确指出，以前在魏朝之时就对山东的蝗灾小忍而不除，结果把庄稼吃光了；以致酿成“人吃人”的悲惨局面。后秦之时的蝗灾，庄稼和草木被吃光了，导致牛马相互啖毛。又谈到当下，姚崇指出，蝗虫的危害十分严重，况且国家在黄河两岸的粮食储备已不多了，如果蝗灾太厉害，再使收成不好，老百姓是免不了流离失所的！而且为了消除唐玄宗的疑虑，姚崇表示，陛下一向好生恶杀，灭蝗之事交给臣下来干，若干不好，就撤掉臣下的宰相之职。这样，玄宗就允准姚崇继续灭蝗。

然而，当姚崇走出朝堂之时，碰到了一个名叫卢怀慎的黄门监。卢怀慎劝姚崇不要再灭蝗了。这样的天灾岂能人力所能奏效呢？况且“杀虫太多，有伤和气”！姚崇对这一番话，一口回绝，继续坚持灭蝗。

对此，一些有知识的人也参加到灭蝗中，并把一些治蝗之法记录下来，还编成书。如《治蝗全法》就有“捕蝻法”，以讲解其法。

大规模的灭蝗战役

从对害虫的认识和防治来说，蝗虫是最有代表性的。例如，东汉学者王充曾记载蝗虫发作的情景，他写道：“蝗虫时至，或飞或集，所集之地，谷草枯索。吏率部民堑道作坎，榜驱内于堑坎，杷蝗积聚以千斛数，正攻蝗之身。”王充在这里比较详细地记述了蝗虫的习性和危害，以及如何进行防治。此后，在《汉书》和《资治通鉴》中也有类似的记载。在《齐民要术》中，贾思勰还引述了《氾胜之书》中的治蝗虫之法。

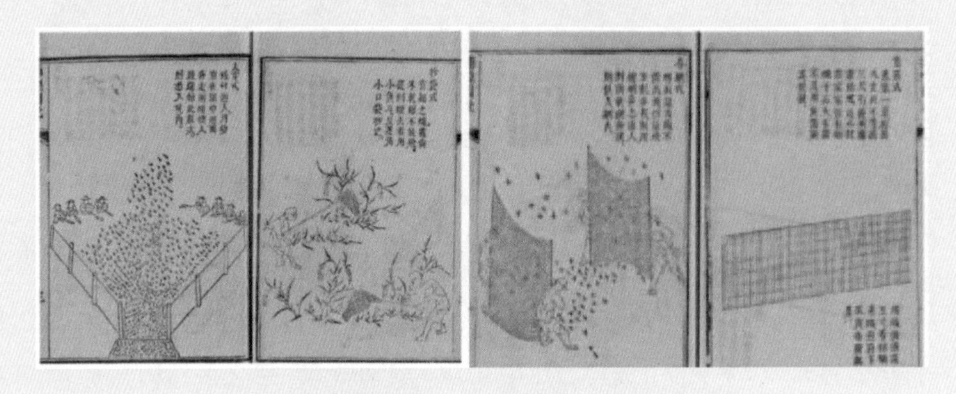

捕蝗：人穿式、抄袋式（左）和合网式、鱼箔式（右）

到宋朝，在杀灭蝗虫之时，人们发现，蝗虫发育有一个成卵的阶段，并发明了掘卵灭蝗虫的方法。据说，在景祐元年（1034年）六月，开封诸路发动民众，掘出蝗虫的卵种达万余石。在淳熙九年（1182年）颁布了灭杀蝗虫的法规。在这个法规之中规定，“官、私荒田经蝗下落处，令佐应差募人取掘蝗子（即卵），而取不尽因致次年发生者，杖一百”。这种借助法律的手段，加上政府的督促，大大提高了杀灭蝗虫的效果。此前，欧阳修（1007—1072）曾经写过一首《答朱寀（shěn）捕蝗诗》。他在诗中写道：

> 捕蝗之术世所非，欲究此语兴于谁。或云丰凶岁有数，天孽未可人力支。
> 或言蝗多不易捕，驱民入野践其畦。因之奸吏恣贪扰，户到头敛无一遗。
> 蝗灾食苗民自苦，吏虐民苗皆被之。吾嗟此语只知一，不究其本论其皮。
> 驱虽不尽胜养患，昔人固已决不疑。秉蟊投火况旧法，古之去恶犹如斯。
> 既多而捕诚未易，其失安在常由迟。诜诜最说子孙众，为腹所孕多蝝蚳。
> 始生朝亩暮已顷，化一为百无根涯。口含锋刃疾风雨，毒肠不满疑常饥。
> 高原下湿不知数，进退整若随金鼙。嗟兹羽孽物共恶，不知造化其谁尸。
> 大凡万事悉如此，祸当早绝防其微。蝇头出土不急捕，羽翼已就功难施。
> 只惊群飞自天下，不究生子由山陂。官书立法空太峻，吏愚畏罚反自欺。
> 盖藏十不敢申一，上心虽恻何由知。不如宽法择良令，告蝗不隐捕以时。
> 今苗因捕虽践死，明岁犹免为蝝菑。吾尝捕蝗见其事，较以利害曾深思。

官钱二十买一斗，示以明信民争驰。敛微成众在人力，顷刻露积如京坻。乃知孽虫虽其众，嫉恶苟锐无难为。往时姚崇用此议，诚哉贤相得所宜。因吟君赠广其说，为我持之告采诗。

欧阳修从古至今地演说一遍灭绝蝗虫的重要意义，能看出宋朝廷对于治理蝗虫的决心，为此还制定了治理蝗灾的法规，如《熙宁诏》（1075）和《淳熙敕》（1182）。这是世界上最早的有关治蝗的官方文件。为此还颁发《捕蝗法》（1193）。一些治蝗手册也发挥了重要的作用。

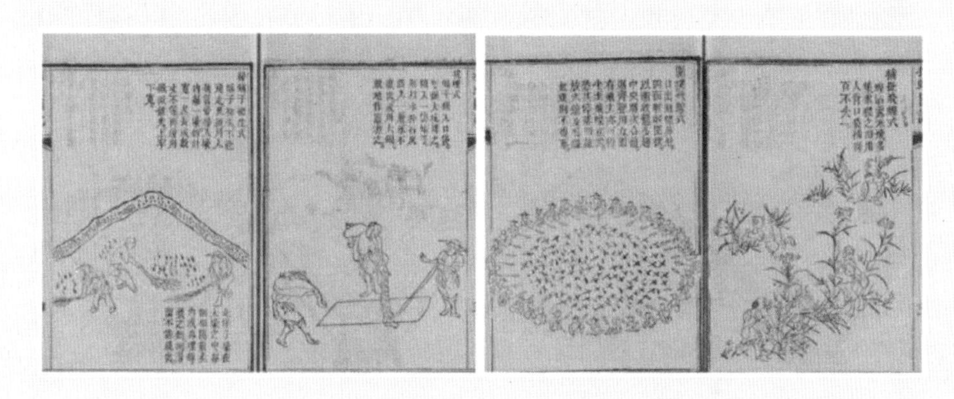

捕蝗：扫蝻子初生式、坑埋式（左）和围扑飞蝗式、捕捉飞蝗式（右）

元朝末年，刘承忠任江淮指挥使时，江淮地区蝗灾严重。刘承忠动员并率领民众把蝗灾扑灭，为江淮人民立下大功。元亡后，刘承忠投河而死，江淮人民为纪念他的功绩，尊他为“刘猛将军”，并建庙祭祀，如“八蜡庙”等。清雍正二年（1724年），皇帝诏令全国各省府州县建刘猛将军庙，每年春秋举行祭祀活动。在民间，刘猛将军又被称为“虫王神”。相传，农历

“虫王神”刘猛将军

八月十四日为刘猛将军的生日。

由于重视治理蝗虫的工作，历代统治者都把捕杀蝗虫的工作列为国家的重点工作，一些专家也编写出治理蝗虫的专著。例如，徐光启的《除蝗疏》和清朝的顾彦的《除蝗全书》，都对治蝗虫的工作论述得甚为详细。特别是徐光启的《除蝗疏》，对于蝗虫的生活史，蝗虫与环境的关系，当时的人都有了较为深入的认识，并且提出了如何根治的方法。如徐光启所指出，夏天的蝗虫卵最容易孵化，但是，如果在产卵之后8天之内，遇到了雨水，则卵就不会孵化，甚至要腐烂。冬天之时，如果遇到严寒和春雨时也会烂掉。这说明，蝗虫的孵化是受到环境的影响，如季节、雨水和温度等。徐光启还指出了，河滩洼地最容易产生蝗虫，所以要尤其关注。他写道，挖一条长沟，深广各2尺，沟中相距丈许，再挖一个深坑来埋蝗虫。动员村中的男女，每50人一列，并沿着沟沿排好；再有一人鸣锣，惊吓蝗虫，扑飞时会落入沟中，被人们乘机杀灭，并移入坑中掩埋之。清朝的治虫工作也受到重视，留下的治蝗著作有陈芳生《捕蝗考》，顾彦的《捕蝗全法》等。康熙皇帝也研究蝗虫，调查灭蝗的方法，并亲自指导一些地区的灭蝗事宜。

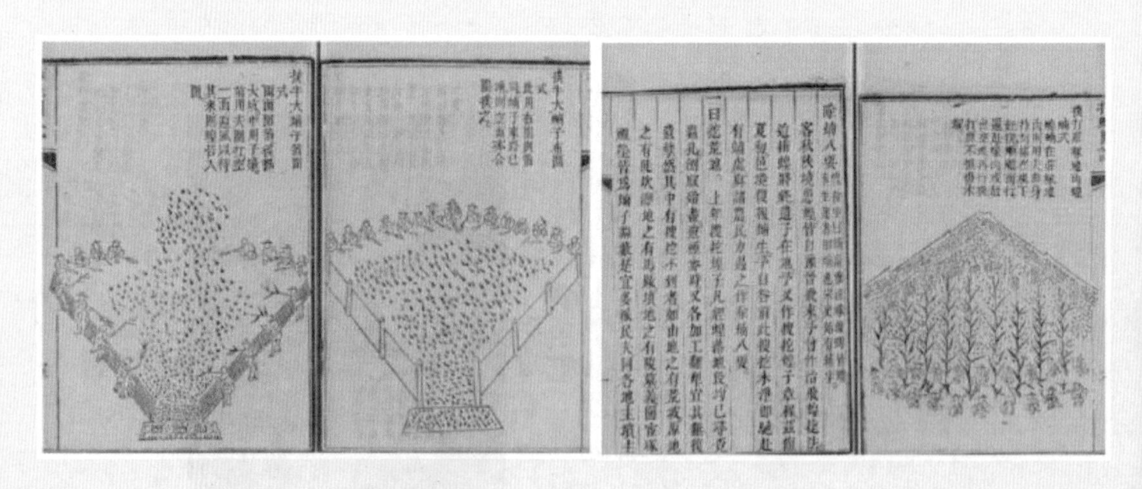

捕蝗：扑牛大蝻子的箔围和布围（左）及扑打农田内的内蝗（右）

苏轼灭蝗虫

苏轼像

熙宁七年（1074年），苏轼被任命密州（今山东诸城）太守。密州是个穷乡僻壤之地，时常旱蝗不断，蝗虫所到之处，草木为之一空。这使得百姓生活贫困，许多人只能依靠草根树皮度日。进入密州后，苏轼就注意到，已是农闲时节，男女老幼依然奔忙着。大家都在用蒿草藤蔓将满地的蝗虫、虫卵包裹起来，挖地深埋。苏轼意识到，密州飞蝗来势凶猛，他要尽快采取措施。

对于灭蝗工作，农民捕杀的蝗虫总数，仅官府的统计就达3万斛！但有些当地的官吏却仍漠然置之，认为蝗虫虽多，但还未构成大灾。有人还说，“蝗虫飞来，能除去野草”。苏轼当即反驳道：“蝗虫如果真的能为民除草，农民应该祈祷祝福，盼它们多来，越多越好，又怎么忍心捕杀呢？”

在捕蝗的过程中，苏轼向老农请教，老农说，从来“蝗旱相资”，如果天降甘霖，旱情解除，蝗虫就会大批死亡。只要过了桑蚕初眠的季节，蝗虫就不再生长。由于熙宁七年秋旱严重，气候更适宜蝗虫的滋生，幼虫多如牛毛。一旦春暖，将酿成更大的灾难。所以，苏轼主张尽可能地防患于未然，要发动民众以火烧土埋的办法捕杀幼虫，争取最大限度地减轻来年的灾情。他还奖励积极捕蝗的人，更身先士卒，带头灭蝗。他从早到晚奔忙在田间地头，巡视督查，亲身体验到灭蝗的劳苦。为了灭蝗，苏轼一上任就奔走各县，忙了一百多天才回到州衙，由于他晒得又黑又瘦，一进门，竟有一半人没认出他来。

苏轼在密州任上的两年，想百姓之所想，急百姓之所急，展现出少见的官民相亲的感人局面，体现着苏轼爱民的真实感情。

七、以园艺抒情怀

古人利用温室生产反季节蔬菜

园艺的起源可追溯到农业发展的早期阶段，由于中国的自然条件多种多样，大都适合发展各类园艺作物。据文献载，周朝已有园圃出现，园内种植的作物已有一些蔬菜、瓜果和经济林木等，战国时已有栽种瓜、桃、枣、李等果树的记述。秦汉时，东西方交往增多，一些园艺作物（如桃和杏等）传到西方，并从外国引进了大蒜、黄瓜、葡萄、石榴和核桃等。在《汉书》中还记载有太官园，园艺人员在冬天时可在室内种葱和韭菜等蔬菜，温室栽培技术已有一定的发展。此后，历代在温室培养、果树繁殖和栽培技术、名贵花卉品种的培育，以及与各国进行园艺的交流等都卓有成效。在唐宋以后，观赏园艺发展起来，出现了很多名贵的品种，如牡丹、芍药、梅和菊花等。王安石的《书湖阴先生壁》："茅檐长扫净无苔，花木成畦手自栽。一水护田将绿绕，两山排闼送青来。"明清时期，银杏、枇杷、柑橘和白菜、萝卜等品种传到国外，同时也从国外引进了许多园艺作物。园艺业经过数千年的发展历史，已积累了丰富的园艺生产的经验与技能，并形成了一批园艺业重点发展地区，如南丰、温州蜜橘，曹州（菏泽）牡丹，吐鲁番葡萄和哈密瓜等。

古人生产豆芽菜

温室栽培的发展

为了在天气较冷的季节实现栽培，往往要建温室。所谓“温室”就是指能保暖、加温和透光的设备，以及采取一些技术措施的种植空间。这是人为形成的能进行种植的“小气候”。利用温室栽培可以御寒和促进作物的生长、提前开花结果等。在温室种植是采用一种“郁养强熟”的方式，以生产出新鲜的“冬葵温韭”之类的蔬菜，专供富人和官员享用。这样的措施打破了植物生长的地域限制，也满足了园艺作物的连续生长和供应。中国最早在世界上开展温室栽培，并且多有创造。

据记载，秦始皇在骊山陵谷温暖处种瓜。在北方的冬季，种瓜应该有覆盖措施以保温。这也许就是中国最早的有关温室栽培的记载。然而，有关温室的确切记载是在汉朝，在汉文帝刘恒（前 203—前 157）太官园中种葱、菜茹和韭。种植这些蔬菜是在一个密封的屋庑之中。在这个屋庑之中，昼夜燃火，以保持室温，使蔬菜能在冬季生长。不只是在首都，也在许多地方开展温室种植，以向朝廷进贡一些新鲜的贡物。

唐花坞

除了蔬菜的种植，在温室还种植一些花卉植物，最著名的就是“堂花木”了。白居易有“惯看温室树，饱识浴堂花”。这里的“堂”就是用纸饰的密室。

唐花坞的内景

在温室栽培时，如果是种植花卉，在种植之前，要在室内开沟，可把花盆放在沟上，并用绳子与竹木搭成花架，而后在沟中倒入热水，并施用牛溲、硫黄等肥料，以增加室内的温度。利用这样的方式可使花卉提前开放。这种花卉培育的技术是在唐朝以后实现的，并沿用至今。像今天北京中山公园之内的唐花坞，就是从“堂花木”的技术发展而来的。它采用的是民族形式的彩画，它的前檐采用玻璃窗，以便采光。在东西两端设为出口和入口，在室内的中央有一喷水池，池中心安放一块“涵水石”。它高两米多，产自易县西陵深谷中。在池内蓄养金鱼。花坞内种有各类名贵的花卉，并常常举办一些专题的花卉展览，供游人观赏。

养蜂的活动

像蚕一样，蜜蜂是人类驯化的一种昆虫，它对人类有益，所以蜜蜂是益虫，即一种有益于人类的昆虫。养殖蜜蜂可以获得蜂蜜和蜂蛹，这些是有益于人的健康的食物。今人猜测，驯养蜜蜂应是很久以前的事了，但中国人的记载是在3世纪。据大医学家皇甫谧写的《高士传》记载，在东汉延熹年间（158—166），有一位名叫姜岐的隐者，他“以畜养蜂、豕为事，教授者满天下，营业者百三余人”。可见，在晋朝，养蜂已经是一种职业了，许多人都能从养蜂的活动中获得了收入。

蜜蜂

晋朝人还注意到蜜蜂是一种社会性昆虫，到了宋朝，人们对蜜蜂的这种习性理解得更加深入，当时的文学家王禹偁（954—1001）在《小畜集》中写有“记蜂”对蜜蜂的生活习性有比较详细的记述。他曾与僧人讨论了蜂的一种习性——社会性。王禹偁写道：

商于兔和寺多蜂，寺僧为余言之，事甚具。

予因问：“蜂之有王，其状若何？”曰：“其色青苍，差大于常蜂耳。”

问：“胡以服其种？”曰：“王无毒。不识其他。”

问：“王之所处？”曰：“窠之始营，必造一台，其大如粟，俗谓之王台。王居其上，且生子其中，或三或五，不常其数。王之子尽复为王矣，岁分其族而去。山甿（méng）患蜂之分也，以棘刺关于王台，则王之子尽死而蜂不拆矣。”

又曰："蜂之分也，或团如罂，或辅如扇，拥其王而去。王之所在，蜂不敢螫。失其王，则溃乱不可向迩。凡取其蜜不可多，多则蜂饥而不蕃。又不可少，少则蜂堕（惰）而不作。"

蜂王

由这里，王禹偁记述的僧人的看法，并依经验可知，蜂的活动要以蜂巢（也叫蜂房）为"基地"。蜂的社会性首先表现在它们的组织性，并且能控制蜂群的数量，即达到一定的规模就会自动（或自主）地分群。通过长期的观察，可以看到，蜂群中有只蜂王。它的颜色特殊——青苍色，且比别的蜂要大，也没有毒。

如果蜂王生下幼（蜂）王之后，就会发生"分王"的现象，一部分蜂（群）便会随着蜂王而飞走。一般来说，如果失去蜂王，蜂群就会发生崩溃。因此，养蜂人就会用棘刺"王之子"并封闭于王台，不让蜜蜂分巢。当巢房内的幼王死去，蜂群就不会被拆散。养蜂人还要注意蜂房的洁净、晴雨、燥湿和寒暖，特别要防止天敌的破坏，而且要预防在先。甚至在制作蜂箱之时也要考虑到选材、排放和管理等诸种要求。这说明明朝人已具备了较高的养蜂水平，以及由蜂的活动认识到蜂的组织性和社会性。

分蜂

割蜜

对于养蜂的技术，在元朝的《农桑辑要》和《王祯农书》，以及明朝的《农政全书》中也都有记述。

在蒙顶山上种茶

关于神农氏尝百草的故事，说明远古人已初步认识到茶的药用价值。茶的突出味道是苦，在《尔雅·释木》中有“槚：苦荼”。郭璞注：“树小似栀子，冬生叶，可煮作羹饮。今呼早采者为荼，晚采者为茗……蜀人名之苦荼。”东晋常璩（约291—约361）在《华阳国志·巴志》中载，在周武王联合西南地区的民众一同讨伐商纣王，巴蜀地区出产的茶便为贡品，并有“园有芳蒻、香茗”的记载。这说明，不晚于周朝，在西南地区已有人工栽培的茶树。王褒的《僮约》中有“武阳买茶”的说法，这也说明，到汉朝，蜀地已有茶叶的买卖。

吴理真是西汉严道（四川雅安名山区）人，号甘露道人，先后主持蒙顶山各观院。他被认为是中国乃至世界有明确文字记载最早的种茶人，并被称为蒙顶山茶祖、茶道大师。宋孝宗在淳熙十三年（1186年）封吴理真为“甘露普惠妙济大师”，并把他手植7株茶的地方封为“皇茶园”。因此，吴理真也被称为“甘露大师”。在蒙顶山最大的寺庙——天盖寺，供奉着蒙顶山茶祖吴理真。传说，天盖寺也是吴理真结庐种茶的地方。

“植茶始祖”吴理真雕像

蒙顶山景区

吴理真的父亲是一名药农，能辨识草药，还会为当地人看病，并在当地已有些名气，因此家境较好。吴理真十岁时，他的父亲在采草药时不慎坠崖殒命，这使家里生活顿显窘迫，吴理真只得辍学回家。不久，母亲又积劳成疾，这样，每当清晨，他便登上蒙顶山，割草拾柴，去换米，为母亲治病。

吴理真在干活时，口渴了就顺手扯了一把“万年青”（野生茶树叶子，今天也是一个茶叶的品牌），放在口里咀嚼。茶汁水不但使他口渴全无，困乏渐消。他还摘些带回家中用开水冲泡，让老母喝下，在连服数日后，病情果然见好，效果不错；持续饮月余，身体就康复了。乡亲们生病，吴理真也用这种茶树叶子泡水给他们饮用。可惜这种茶树不多，叶子远远不能满足饮用和治病的需要。为此，吴理真跑遍各个山峰，把茶籽捡回存好，并选定了一些适宜茶树生长的地方。大约在汉景帝（前156—前141）之时，吴理真在蒙顶山（今四川省雅安境内）五峰之间的一块凹地上，种下了7株茶树。为此，吴理真掘井取水，开垦荒地，播种茶籽，护理好这些茶树。他把茶叶熬成汤，施舍众人。今天，这7株茶树“二千年不枯不长，其茶叶细而长，味甘而清，色黄而碧，酌杯中香云蒙覆其上，凝结不散”，被后人称为“仙茶”，而他也成为世界上种植驯化茶叶的第一人，被后人称为“种茶始祖”。

在吴理真蒙顶山种茶的地方尚存有蒙泉井、皇茶园和甘露石室等古迹，其中蒙泉井是甘露大师种茶时汲水处，“井内斗水，雨不盈、旱不涸，口盖之以石，取此井水烹茶则有异香”。对于吴理真的种植活动史书也多有记载，如宋朝孙渐《智炬寺留题》诗：

昔有汉道人，剃草初为祖。分来建溪芽，寸寸培新土。至今满蒙顶，品倍毛家谱。

明朝的蜀籍状元杨升庵（1488—1559）也有记述，即：“西汉僧理真，俗姓吴氏，修活民之行，种茶蒙顶，陨化为石像，其徒奉之号甘露大师，水旱、疾疫，祷必应。宋淳熙十三年（1186年），邑进士喻大中，奏师功德及民，孝宗封甘露普惠大师，遂有智矩院，遂四月二十四日，以隐化日，咸集寺献香。宋、元各有碑记，以茶利，由此兴焉。”（《杨慎记》）

蒙泉井（上）、皇茶园（中）和甘露石室（下）

早在五代时的一部著名的茶书——毛文锡《茶谱》中记载了这样一个故事：“蜀之雅州有蒙山，山有五顶，有茶园，其中顶曰上清峰。昔有僧病冷且久。遇一老父，‘谓曰：蒙之中顶茶，尝以春分之先后，多构人力，俟雷之发声，并手采摘，三日而止。若获一两，以本处水煎服，即能祛宿病；二两，当眼前无疾；三两，固以换骨；四两，即为地仙矣’。

是僧因之中顶，筑室以候，及期获一两余。服未竟而病瘥（chài）。时至城市，人具其容貌，常若年三十余，眉发绿色，其后入青城访道，不知所终。”

这是一个很神奇的故事。所谓神奇，在古人的事迹中，多有访仙求道或成仙有关。类似的，还有唐朝的卢仝的《七碗茶歌》，即

> 日高丈五睡正浓，军将打门惊周公。口云谏议送书信，白绢斜封三道印。
> 开缄宛见谏议面，手阅月团三百片。闻道新年入山里，蛰虫惊动春风起。
> 天子须尝阳羡茶，百草不敢先开花。仁风暗结珠蓓蕾，先春抽出黄金芽。
> 摘鲜焙芳旋封裹，至精至好且不奢。至尊之余合王公，何事便到山人家？
> 柴门反关无俗客，纱帽笼头自煎吃。碧云引风吹不断，白花浮光凝碗面。
> 一碗喉吻润，二碗破孤闷。三碗搜枯肠，惟有文字五千卷。
> 四碗发轻汗，平生不平事，尽向毛孔散。
> 五碗肌骨清，六碗通仙灵。七碗吃不得也，唯觉两腋习习清风生。

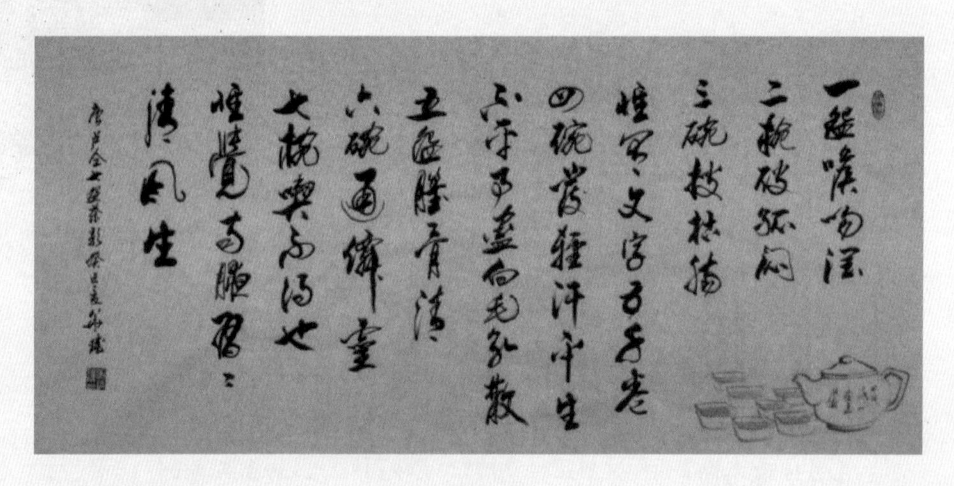

七碗茶歌

当然，到了唐朝，茶已经走入百姓的生活，此诗亦可以做证；并且在诗中可以看到，喝上茶，就像成仙一样。今天，全世界饮茶者达50亿人。在民间流行着，“扬子江中水，蒙顶山上茶”。可谓是好茶配好水。

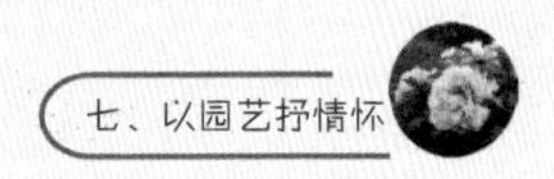

陆羽和《茶经》

陆羽是茶界的祖师爷。他生在竟陵（今湖北天门市），一生下来就被遗弃在竟陵的一个寺庙附近。这个庙叫龙盖寺。当和尚听到附近有婴儿啼哭，并寻找到这个男婴，便抱回寺中。寺内的方丈为这个孩儿占算了一卦——“渐卦”，并翻开《易经》，看到的句子是“鸿渐于陆，其羽可用为仪”。这当然是较为吉利的话，意思是，鸿雁在空中飞翔，全凭着它的羽翼形成气势，为此便为这个男婴起名为陆羽，小字鸿渐。

陆羽像

陆羽长在寺庙之中，自然要遵守寺规了，但由于陆羽年纪太小，不太习惯那些清规戒律。在师父教给他旁行书（一种内容为佛教的外语书），他却学不好。原因是，小陆羽对这种外语毫无兴趣，只是对于汉语书感兴趣。据说，陆羽读汉朝学者张衡的《二京赋》时就兴趣盎然，还学着村中私塾里的学童来吟诵，为此受到师父的责罚，并罚他去后园清除杂草。为此，陆羽常常因为读书的问题而苦恼。由于陆羽怕时光流逝，又由于他受到几次鞭打，他便跑出寺庙。不久，他还参加了跑江湖的一个小团体。由于在寺中学过一些技艺，正好可用在舞台之上。

陆羽在寺中学习过佛教音乐、世俗音乐（变文）、百戏魔术等。表演者有寺里的艺僧，还有官府的艺人以及民间的职业艺人。这些技艺，由于他耳濡目染，再加上聪明伶俐，当流浪到社会上时，便与那些江湖艺人一起进行表演，而陆羽还有个“本事”——编写剧本。据说，他在一个节目中写出上千个幽默的句子。这样就有人把陆羽比喻为东方朔。当时流行着两句话：

入世须学东方蔓倩（东方朔），出世须学佛印了元。

这里的东方朔是个滑稽大王，被尊为相声的祖师爷。佛印禅师是宋朝的高僧，与苏轼交厚，他的字是“了元”。

陆羽斗茶图

据说，在天宝年间（742—756），复州（今湖北仙桃）每年都要定期在民间节日上搞集会，在这样的集会上，官府推荐陆羽做伶师（相当于指导教师）。由于陆羽的才能，被太守发现，便推荐陆羽到火门山拜师学艺。

陆羽在研读

陆羽在拜师学艺之后，虽然文化素养有了很大的提高，但仍感到不足，就去江南访问名师，并且在苕溪一带隐居下来。苕溪发源于今浙江天目山，流入到太湖。这里的“苕”就是芦苇的意思。由于这里景色优美，在这里聚集了一些文人雅士。他与一些志同道合的人成为朋友，其中有著名的道士张志和、女道士和诗人李季兰、余杭县宜丰寺僧灵一、道士和诗人皇甫冉，还有大书法家颜真卿，等等。其中陆羽最为交好的是杼山妙喜寺著名的诗僧皎然，陆羽与皎然成为忘年交。

皎然的阅历丰富，尤其对于茶事有所研究。皎然曾有诗云：“我有云泉邻渚山，山中茶事颇相关。”（《顾渚行寄裴方舟》）妙喜寺的所在地为一名茶

《茶经》

的产地，皎然还在顾渚山购置了茶园，陆羽曾在此地仔细考察。考察之后，陆羽还写出了《顾渚山记》，其中，记载由皎然陪着，他调查诸种茶事的过程。

作为职业的艺人，陆羽曾经到过巴山之地，对四川、陕西、湖北和湖南等地的茶树也有所考察。定居在苕溪之后，陆羽更加关注茶事，并对茶事充满兴趣，加上与皎然的交好，可进行更加深入的研究。他系统地研究了茶的采摘和加工以及烹煮和饮用等。最终在苕溪之地完成了《茶经》。

陆羽品茗图

中国是茶树的原产地之一，是世界上最早发现茶树和应用茶叶的国家。最初，人们饮用的是野生的鲜茶树叶。后来还培育茶树，汉朝的甘露祖师吴理真曾经在蒙山种茶。而且，在四川的一些地方已开始栽培茶树，且有买茶和烹茶的记载。到了唐朝，在长江以南地区普遍种茶，特别在一些坡地，种茶甚宜。甚至还出现了官营的茶园，茶叶已成为一种商品。白居易的诗中就有“商人重利轻离别，前月浮梁买茶去”（《琵琶行》）。可见，贩茶商人已不在少数了。然而，贩茶也好，饮茶也好，都要具备一些关于茶的知识，为此传播茶的知识就为陆羽所看重，并且他们已储备了足够的知识，这样，他写作茶知识的书，也就水到渠成了。他的《茶经》有7000多字，分为10个部分。当然，对于茶叶的生产、加工和饮用的系统研究和记述还要在《茶经》之后了。

唐朝人主要饮用的是野生的茶叶，有“野茶上，园者次”的看法，还未重视种植茶叶。英国人威廉·乌克斯写作《茶叶全书》，他在书中有对于《茶经》的评价，“中国人对于茶叶问题并不轻易与外国人交换意见，更不泄露生产制作方法，直至《茶经》问世，始将其中真情完全表达”，使“当时中国农家以及世界有关者俱受实惠”。

由于饮茶之风日盛，到唐末五代之时，韩鄂写的《四时纂要》中记述了一些茶树的栽培技术，从挖坑、施肥、播种和覆土等工序。据说，这种栽培的方法是直播法，3 年即可采摘茶叶。茶树的栽培技术的发展，使茶叶产量大为提高，也为“茶马互市”的政策实施提供了技术保障。明清之时，人们开始采用无性繁殖的压条法。这样，茶树栽培技术不断提高，才更加促进了茶叶的普及。

黄省曾的农学研究

早在唐宋之时，经济中心转移到中国南方，使南方的农业发展迅速，农学发展也受到一些学者的重视，这里说到的黄省曾就是其中一位重要的学者。

黄省曾

做学问的人往往被称为“学者”，也常常出现带有些贬义的称呼——“书呆子”，的确，有一部分人往往是在故纸堆里“讨生活”的。黄省曾（1490—1540）出生在江苏吴县，少时的黄省曾喜欢诗词歌赋，对《尔雅》很有兴趣。他曾经在嘉靖十年（1531 年）中举，但几次考进士都

《稻品》

未能如愿，只得放弃，转向了诗词和绘画，而后再转投王阳明的门下学习，后隐居而闭门谢客，他自号五岳山人。作为学者，他写下了《稻品》《蚕经》《种鱼经》《艺菊书》各一卷，也把这 4 种书合称为《农圃四书》。

稻作生产一直受到中国人的重视，但是关于种植水稻的书并不多，像《陈旉农书》是不多的几种之一。黄省曾的《稻品》（又称为《理生玉镜稻品》）则是现存最早的一部完整的水稻品种的专著，是极其珍贵的。他对不同稻名的稻子——糯（秫）、杭（粳）、籼都作了解释，共列举了 34 个水稻品种的性状、播种期、成熟期、经济价值以及别名等。

《蚕经》

苏杭这个地区种桑养蚕很普遍，他对此地养殖的经验进行总结，为此黄省曾还撰成《蚕经》（又称为《养蚕经》）。这是江南第一本有关蚕桑的专著。在这本书中，有 8 个部分涉及养蚕的内容，而别的部分则涉及“艺桑”“宫宇”（即蚕室）“器具”“育饲”“种连”（蚕种）等内容。

《种鱼经》

《种鱼经》也称为《养鱼经》或《鱼经》。这是现存最早的一部关于养鱼和渔业资源的专著。全书分为 3 个部分，即“一之种”“二之法”“三之江海诸品”。作者较为全面地介绍了像鱼卵的孵化和取苗秧池养，凿鱼池和喂养的方法，以及江河湖海中的十余个品种。这些基本的鱼类知识为相关的研究打下了一定的基础。

《艺菊书》也被称为《艺菊谱》，是有

关菊花栽培的著作。这里的“艺”是“栽培”的意思。书中的内容可被分为 6 个部分（“目”），即贮土、留种、分秧、登盆、理缉、护养等。从内容上看，这是一个对栽培技术有所研究的专著。日本学者天野元之助很欣赏黄省曾的研究工作，把《艺菊书》誉为“确为园艺学上更进一步的著作”。

除了《农圃四书》之外，黄省曾还写有《芋经》（也被称为《种芋法》）和《兽经》各一卷。芋头的淀粉含量比较高，今天已成为一种蔬菜，但古代则是一种重要的粮食作物。因此古代农学家大都要谈到种植芋的技术，但黄省曾则专门论述芋的种植，并且是第一本。《兽经》是一本古代动物学著作，他吸收了古代辞书、博物志、神话传说和史书中的有关内容。这些内容涉及动物的分类、肉用价值、役用价值和生活习性等内容。

这里还要提到郑和七下西洋的壮举。按着常规，在航海过程中，航海者要进行认真的记录。郑和与他的同事就作了大量的记录，由于后来朝廷的这种航海活动被停止了，这些资料大都被束之高阁。但是，黄省曾就对这些航海的事迹加以搜集和整理，最终他写出《西洋朝贡典录》（1520）。在定稿过程中，黄省曾就修改了 7 次。这本书是一本有关西洋地理的著作，全书分为 3 个部分，即上中下 3 卷。所述的内容是从占城（今越南）开始，终于天方（今阿拉伯），总共记载了西洋国家和地区 23 个 。这些国家的方域、山川、道里、风土、物产和朝贡被分成不同的项目，在每个国家或地区的后面都附有“论”。黄省曾还在每个国家和地区的“针位”或“针路”，以利于后来的航海者。

由此可见，黄省曾喜欢做学问，并且兴趣广泛，研究得也较为深入。

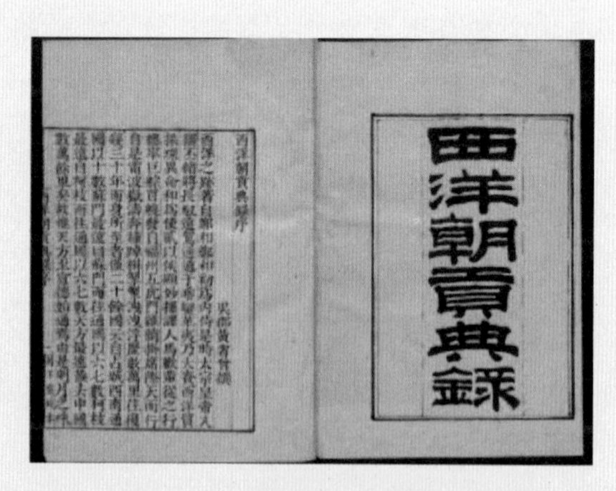

西洋朝貢典錄

《西洋朝贡典录》

《花镜》——养花的指南

用花草装点人们的居住环境并不鲜见，甚至一些花草还被拟人化，借此来衬托居室主人的性格和人品、爱好等。

世界上喜爱花草的人并不少见，清朝，杭州的一位老者叫陈淏（hào）子。他曾经说过，除了读书，只喜欢养些花草；还宣称，在他的一生中，“半生”是侍弄花鸟，他的枕中秘籍无非是《花径》和《药谱》之类的书。如此钟爱花鸟，陈淏子也就受到一些人的“嘲笑”，并给他起了两个外号：“书痴”和“花癖”。这些都是陈淏子在他的大作《花镜》的序言中所讲到的。

陈淏子

在杭州城北有一个“花乡”，花匠们发明了一种可催生花卉的、可提前开放的“堂花术”。杭州还是最早驯养金鱼的地方。杭州人喜欢花草是出名的，早在宋朝之时，每到春天的花节，杭州百姓都要去赏花。这也刺激了花草养殖的专业户，为了满足人们赏花水平的不断提高，也要不断提高养殖的技术水平。

陈淏子（约1612—约1690）的青壮年恰恰处在明清“鼎革”的年代，这使他的命运发生了变化。在明亡以后，陈淏子成为不愿做清朝官吏的高士，从事花草果木的栽培和研究，并兼授徒为业。晚年，他对社会风尚表示不满，认为一些人不是在商界投机图利，就是投身宦海谋取官职，对种植技术一无所知。这些在《花

園林雅課

西湖陳扶搖彙輯

花鏡

一花歷新裁　一培養秘傳　一課花十八法

一寫生圖譜　一花木備考

《花镜》

镜》自序里有充分的反映。

由于陈淏子一生喜读书，阅读广泛，积累了丰富的知识；同时，他还注重侍弄花草的实际工作，而且达到了“痴迷”的程度。本来，能把书本上的知识与养殖的经验结合起来，是件好事；但许多人都把一些精力放在花草养殖上，以休闲和消遣，却被看成是一件不务正业的事情了。当然，这是可以理解的，因为当年孔夫子对樊迟要学习农学有关的知识也是不理解的。但是，陈淏子却喜欢研究花草的栽培和护理，终成为一名园艺家。

陈淏子为使人们了解花卉种植的方法，通过向花农、花友的调查访问，并结合对历代花谱的研究，于清康熙二十七年（1688 年）写成《花镜》一书。全书分 6 卷，卷一“花历新栽”，共分 10 项，列举各种观赏植物栽培的逐月行事。按着 12 个月的气候特点和栽培各种观赏植物的安排来逐月介绍，即每个月要安排好的作业包括：分栽、移植、扦插、接换（嫁接）、压条、下种、收种、浇灌、培壅（培土、施肥）、整顿（修剪）等。

卷二“课花十八法”，包括课花大略，辨花性情法，种植位置法，接换神奇法，扦插易生法，移花转垛法，浇灌得宜法，培壅可否法，治诸虫蠹法，变花摧花法，整顿删科法等内容。主要记述观赏植物栽培原理和管理方法，是全书的精华。

《花镜》插图

卷三、卷四、卷五，着重叙述花木的名称、形态、生活习性、产地、用途及栽培。卷六附记录若干种园林中常见的禽、兽、鳞介、昆虫等观赏动物的调养方法。

《花镜》仅限于观赏植物及果树栽培，对前人的经验有较多科学的总结和精辟的见解。它是我国较早的一部园艺专著。《花镜》中记载了丰富的遗传育种知识，“课花大略”中说：“生草木之天地既殊，则草木之性情焉得不异？故北方属水性冷，产北者自耐严寒；南方属火性燠；产南者不惧炎威，理势然也。”他指出，植物种类不同则本性不同，适于生长的地区也有所不同。他还进一步指出，如能了解和掌握植物的特性，顺着植物的本性，使植物所要求的生活条件得到满足，也可以在不同的地方栽培人们所需要的植物，即“在花主园丁，能审其燥湿，避其寒暑，使各顺其性，虽遐方异域，南北易地，人力亦可以夺天功”。

在“接换神奇法”中，陈淏子说：“凡木之必须接换，实有至理存焉。花小者可大。瓣单者可重，色红者可紫，实小者可巨，酸苦者可甜，臭恶者可馥，是人力可以回天。惟在接换之得其传耳。”这些论述，虽然有些夸大之处，但说明通过嫁接可以改良花木品质，可以定向地培育出人类所需要的植物。“人力可回天”的思想在园艺生产中得到一定的体现。

国色天香说牡丹

据《神农本草经》记载：“牡丹味辛寒，一名鹿韭，一名鼠姑，生山谷。”在甘肃武威的东汉早期墓葬中，发现医学简数十枚，其中有关于牡丹治疗血瘀病的记载。李时珍在《本草纲目》中指出：“牡丹虽结籽而根上生苗，故谓‘牡’，其花红故谓‘丹’。”

牡丹

牡丹原产于中国的长江流域与黄河流域诸省山间或丘陵中，在发现它的药用价值和观赏价值后，开始养殖牡丹。从南北朝至今，栽培历史已有1500年了。由于在栽培过程中，牡丹发生了变异，出现了许多花大色艳的品种，使园艺家越来越重视培育的工作，栽培牡丹的范围也由长江流域和黄河流域向全国扩展。

传说，在《柏乡县志》（1932）记载：在汉朝，刘秀曾躲入一个寺庙的牡丹花丛间，避开了王莽大将王朗的追捕，刘秀称帝后，遂赐名“汉牡丹”。牡丹作为观赏植物栽培，则始于南北朝。据唐朝韦绚《刘宾客嘉话录》记载，北齐画家杨子华画牡丹出名，并说他“知牡丹久矣”。在《太平御览》记载了南朝宋时，“永嘉（今温州一带）水际竹间多牡丹”的盛况。

隋朝的花园中已开始引种栽培牡丹，并由于规模较大初步形成集中观赏的场面。据唐《海山记》记载：“隋帝辟地二百里为西苑（今洛阳西苑公园一带），诏天下进花卉，易州进二十箱牡丹，有赭红、飞来红、袁家红、醉颜红、云红、天外红、一拂黄、软条黄、延安黄、先春红、颤风娇……”可见，曾进入皇家园林的各种花草，种类繁多。

唐朝王公淑墓壁画（绘于 838 年）中的牡丹

唐长安引种洛阳牡丹后，已出现了种植牡丹的专业花师。据柳宗元记载：“洛人宋单父，善种牡丹，凡牡丹变易千种，红白斗色，人不能知其术，唐皇李隆基召至骊山，植牡丹万本，色样各不同。”（《龙城录》）当时的“艺人”所掌握的“绝技”是不外传的。所以，宋单父种植牡丹的“绝技”使后人“不能知其术”。但从“植牡丹一万本（株），色样各不同”来看，他的“绝技”已达到了一个相当高的水平。据《杜阳杂记》记载：“（唐）高宗宴群臣赏双头牡丹。”《酉阳杂俎》载：“穆宗皇帝殿前种千叶牡丹，花始开香气袭人。”《剧谈录》载：“慈恩寺浴堂院有花两丛，每开五六百花，繁艳芬馥，绝少伦比。”可见，牡丹被众多的人们喜爱，有一定的观赏价值，而且还有很高的经济价值。“人种以求利，本有值数万者”（《唐国史补》）。因此，所繁育出众多的品种，使牡丹花瓣化程度提高，花型花色增多。此后，许多地方的牡丹种植业都在不断发展，其规模不亚于长安。以洛阳地区为例，据宋《清异录》记载：“后唐庄宗在洛阳建临芳殿，殿前植牡丹千余本，有百药仙人、月宫花、小黄娇、雪夫人、粉奴香、蓬莱相公、卵心黄、御衣红、紫龙杯、三支紫等品种。”

宋朝，牡丹栽培中心重新回到洛阳，栽培技术和管理更加完善，重视对牡丹的研究，所发表的专著有欧阳修的《洛阳牡丹记》、周师厚的《洛阳牡丹记》《洛阳花木记》和张峋的《洛阳花谱》等。这些作者记述了牡丹的栽培管理，其中包括择地、花性、浇灌、留蕾、防虫害、防霜冻以及嫁接、育种等栽培和管理的方法，总结出一整套较为完善的成熟经验。如防虫措施，欧阳修在《洛阳牡丹记》中记载：“种花必择善地，尽去旧土，以细土用白蔹末一斤和之，盖牡丹根甜，多引虫食，白蔹能杀虫，此种花之法也。”对于栽培，“凡栽牡丹不宜太深，深则根不行，而花不发旺，以疮口（根茎交接处）齐土面为好”。由此可见，当时对栽培牡丹，从选地到种植都十分讲究，这或许是洛阳牡丹能够“甲天下”的原因之一。北宋时的洛阳牡丹的规模空前。当时洛阳人非常重视培育新品种，牡丹“不接则不佳”，他们用嫁接方法固定芽变及优良品种，这就是北宋时最突出的贡献。

宋　钱选《画牡丹》卷（局部）

南宋时，牡丹的栽培技

术由北方向南方扩散，天彭（四川彭县）、成都、杭州等地引种了北方较好的品种，并与当地的品种进行杂交（天然杂交）再嫁接和播种，从中选出更多更好的适宜南方气候条件的新品种。陆游著的《天彭牡丹谱》中记述了洛阳牡丹品种超过 70 个。

宋 《牡丹图》（纨扇页）

明清时，牡丹的栽培范围已扩大到安徽的亳州、山东的曹州、北京、广西的思恩、黑龙江的河州等地。《松漠纪闻》记述了黑龙江至辽东一带种植牡丹的情况：有钱人开辟园地，植牡丹达几百种，有些还是内地所没有的。另据《思恩县志》记载："思恩牡丹出洛阳，民宅多植，高数丈，与京花相艳，其地名小洛阳。"关于牡丹著述更多，薛凤翔著《亳州牡丹表》《牡丹八书》，从牡丹的种、栽、分、接、浇、养、医、忌八个方面进行了总结。乾隆年间编纂的《洛阳县志》列古代和当时品种共 169 个。

明 徐渭《画牡丹图》轴

清 缂丝双头牡丹图轴

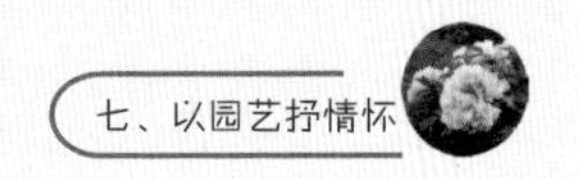

唐朝还开始尝试牡丹的熏花（亦称为“催花”）试验，据《事物纪原》记载：“武后诏游后苑，百花俱开，牡丹独迟，遂贬于洛阳。”这个传说说明，当时的花匠还未能掌握其生长规律而造成熏花的失败，使其不能与其他花卉“同时开放”。为此在清朝小说《镜花缘》中有“武太后怒贬牡丹花”的故事。清朝熏花已很普遍，据载，在北京右安门外的草桥，一些人以种花为业，冬天用温火保持室温，十月中旬，牡丹送进皇宫或王府之中。当时的《五杂俎》也载：“朝迁进御常有应时之花，然皆藏之窖中，四周以火逼之，隆冬时即有牡丹花，道其工力，一本数十金。”这时的催花技术已达到相当的水平，此技术至今还在采用。

牡丹也受到世界各国人民的珍爱。日本、法国、英国、美国、意大利、澳大利亚、新加坡、朝鲜、荷兰、德国、加拿大等二十多个国家均有牡丹栽培，其中以日、法、英、美等国的牡丹园艺品种和栽培数量为最多。海外牡丹园艺品种，最初均来自中国。9世纪上半叶，中国牡丹传入日本，据说是空海和尚带去的。1330—1850年间法国对引进的中国牡丹进行大量繁育，培育出许多品种。1656年，荷兰和东印度公司将中国牡丹引入荷兰，1789年英国引进中国牡丹，从而使中国牡丹在欧洲扩散开来，园艺品种达100多个。美国于1820—1830年才从中国引进中国牡丹品种和野生种，后来曾培育一种黑色花的牡丹品种。

笑傲白雪的梅

梅花（观赏梅）

梅是中国特有的传统果实，已食用3000多年了。《书经》中的名句“若作和羹，尔唯盐梅”和《礼记·内则》也载“桃诸梅诸卵盐”，以及在《秦风·终南》《陈风·墓门》和《曹风·鸤鸠》等诗篇中，作者

梅子（果梅）

也都提到了梅。这些记载说明，古时梅子作为调味品，也是祭祀、烹调和馈赠的不可或缺的佳品，并且在春秋时期就已驯化野梅，使之成为家梅——果梅。1975年，考古人员在安阳殷墟商朝铜鼎中发现了梅核，这说明早在3200年前，梅已用作食品了。

作为园艺的名品，在一些地方能见到的名梅还有，浙江余杭超山梅园的唐梅、浙江报慈寺的宋梅、湖北黄梅的江心古寺遗址的晋梅，更早的还有湖北江陵的章华寺的楚梅（已有2500年），现昆明温泉对岸的曹溪寺内有一株700多年前生的元梅，老态龙钟，虬曲万状，仍年年开花、结果实。关于章华寺的楚梅，唐朝韦庄（约836—约910）在《楚行吟》中写道：

章华台下草如烟，故郢城头月似弦，惆怅楚宫云雨后，露啼花笑一年年。

陆游也曾欣赏过楚梅的风姿，他在《初到荆州》诗中写道：

万里泛仙槎，归来鬓未华，萧萧沙市雨，淡淡渚宫花。
断岸添新涨，高城咽晚笳，船窗一樽酒，半醉落乌纱。

王冕《南枝春早》局部

元朝有个爱梅、咏梅和画梅成癖的王冕，在九旦山植梅千株，其《墨梅》画和诗，皆远近闻名。赵孟頫、杨维桢、谢宗可和僧明本等人俱有名诗咏梅。

观赏梅花的记载，大致始自汉初，当时建上林苑，在《西京杂记》中曾载，“远方各献名果异树，有朱梅、胭脂梅……”这时的梅花品种，当系既可观赏花卉又可结出果实的兼用品种，可能属江梅和官粉

两型。西汉扬雄作《蜀都赋》云:“被以樱、梅,树以木兰。”可见约在2000年前,梅已作为园林的树木品种。

隋唐五代是艺梅渐盛时期。据说,在隋唐之际,浙江天台山国清寺主章安法师(561—632)曾于寺前手植梅树。唐朝名臣宋璟作《梅花赋》有“独步早春,自全其天”的句子。由此来看,隋唐五代流行的梅花品种主要属江梅型或官粉型。在四川,唐时出现朱砂型的品种,当时称为“红梅”。《全唐诗话》载:“蜀州郡阁有红梅数株”。

宋朝是中国古代艺梅的兴盛时期,养殖艺梅技艺也大有提高,花色品种显著增多。南宋范成大著《梅谱》(约1186)是中国也是世界上第一部艺梅专著。他搜集梅花品种12个,并介绍了繁殖栽培方法等。书中除介绍江梅型、官粉型和朱砂型外,还介绍了“玉碟型”(即“重叶梅”)“绿萼型”和“单杏型”,属杏梅系杏梅类,以及黄香型(即百叶湘梅,属黄香梅类)和旱梅型(花期特早,中国国内已不多见),等等。此外,周叙在《洛阳花木记》(1082)中记载了朱砂型(红梅)的品种。而张磁的《梅品》(1185)与宋伯仁《榜花喜神谱》(1239)则为有关梅花欣赏与诗画的专著。

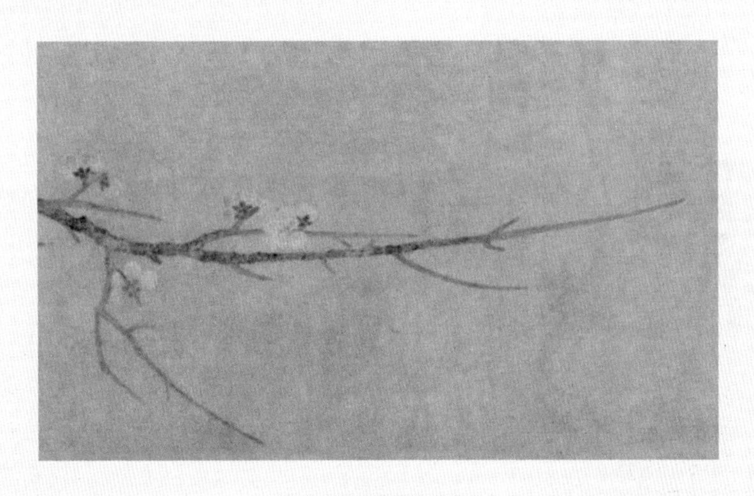

钱选《花鸟图》局部

明朝梅花的新品种大量出现,梅花的栽培达到了繁荣昌盛的高度。

明清艺梅的规模与水平也有提高，品种不断增多。明王象晋的《群芳谱》（1621年），记载梅花品种达19个之多，并分成白梅、红梅和异品3大类。刘世儒的《梅诸》，汪怠孝的《梅史》，皆记梅花，资料甚丰。梅也走入了人们的生活，如杜耒的《寒夜》：

寒夜客来茶当酒，竹炉汤沸火初红。寻常一样窗前月，才有梅花便不同。

更加有名的还有宋朝卢梅坡的《雪梅》（二首）更加有名，即

梅雪争春未肯降，骚人搁笔费评章。梅须逊雪三分白，雪却输梅一段香。

有梅无雪不精神，有雪无诗俗了人。日暮诗成天又雪，与梅并作十分春。

清　金农《梅花图》

清陈淏子的《花镜》中记有梅花品种21个，而“台阁梅”和“照水梅”，均为新品种。当时苏州、南京、杭州和成都等地，以植梅成林而闻名。龚自珍（1792—1841）的《病梅馆记》云：“江宁之龙蟠，苏州之邓尉，杭州之西溪，皆产梅。”《重修成都县志》（1873）记载的旱梅、白梅、官春梅、照水梅、朱砂梅和绿萼梅等较为详细。今天的梅，非但品种多，作为一种园林中的重要花木，观赏价值更高，如在雪中赏梅花，已成为寻常之事，能体会到“梅须逊雪三分白……”也不枉雪中梅姿之傲气。

清　吴昌硕《冷艳》局部

果中美味说柑橘

中国是柑橘的重要原产地之一，柑橘资源丰富，优良品种繁多，有4000多年的栽培历史。经过长期栽培、选择，柑橘成了人类的珍贵果品。柑橘是橘、柑、橙、金柑、柚、枳等的总称。橘的味道芳香，并且含有丰富的营养，受到人们的欢迎。今天，它的产量位居第一，占到世界水果产量1/5。

柑橘

种植柑橘悠久，早在两千多年前，爱国诗人屈原就写下了《橘颂》名篇。

说到柑橘，它起源于何处，尚有不同的说法，主张源于印度、中国、中南半岛，说法不一。如果从文献的研究看，最早对柑橘类植物的驯化和栽培是中国。柑橘起源于中国云贵高原，而后沿着长江而下，传向淮河以南、长江下游以及岭南地区。经过长期栽培和选择，柑橘成为人类的珍贵果品。在《尚书·禹贡》中，已确定长江中下游的橘子和柚子作为贡品，如江苏、安徽、江西、湖南、湖北等地生产的柑橘被列为贡物。在先秦的典籍中还有《山海经》《周礼》《吕氏春秋》和《列子》，其中有对于橘子、柚子和枳的记载。从这些文献看，柑橘的栽种不会晚于东周。到了秦汉时期，柑橘生产得到进一步发展。《史记·苏秦传》记载："齐必致鱼盐之海，楚必致橘柚之园。"说明楚地（湖北、湖南等地）的柑橘与齐地（山东等地）的鱼盐生产并重。这也使人想起"晏子使楚"的故事，其中有一段晏婴与楚王的对话，即：

橘生淮南则为橘，生于淮北则为枳，叶徒相似，其实味不同。所以然者何？水土异也。

这里的“枳”（zhǐ）为枸橘，与橘不同种。果实的形状像橘，但肉少而味道酸。古人有“橘化为枳”的说法，并无根据。

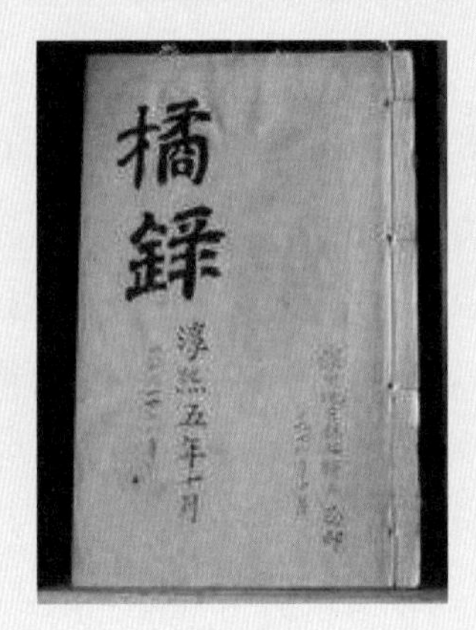

《橘录》

唐宋之时，随着经济的发展，柑橘区域分布与中国现代的分布范围大致相同，《新唐书·地理志》中列举了四川、贵州、湖北、湖南、广东、广西、福建、浙江、江西及安徽、河南、江苏、陕西的南部，向朝廷贡柑橘。从一些诗作也可看出，栽种柑橘之普遍，如唐朝诗人岑参的诗句，“庭树纯栽橘，园畦半种茶”。韦应物有诗云：“怜君卧病思新橘，试摘犹酸亦未黄。”明清时，柑橘生产在江浙一带和蜀地已形成产业，所栽培的品种有柑、香橼（yuán）、橘、柚和橙等品种。清朝著作《南丰风俗物户志》记载江西南丰等地，“不事农功，专以橘为业”。《闽杂记》（施鸿保）载，福州城外，“广数十亩，皆种柑橘。”《岭南杂记》（吴震方）也载：“广州可耕之地甚少，民多种柑橘以图利”。

宋《香实垂金图》

15世纪，葡萄牙人把中国甜橙带到地中海沿岸栽培，当地称为“中国苹果”。后来，甜橙又传到拉丁美洲和美国。19世纪，英国人把金柑带到了欧洲，美国人又从中国引进椪柑，叫“中国蜜橘”。温州蜜柑是唐朝时日本和尚来中国浙江天台山进香，带回柑橘种子，在日本鹿儿岛、长岛栽植。

奉为国宝的金鱼

金鱼

金鱼是一种极具观赏价值的鱼种，是中国古人驯养出的一种特殊的鱼品。

李时珍在《本草纲目》中曾谈到金鱼的先祖，他说："晋桓冲游庐山，见湖中有赤鳞鱼，即此也。"这说明早在1700年前的晋朝，中国人就发现了带有红色鱼鳞的鱼。鲫鱼的鲜亮色彩使人们感到很神秘。李时珍还记载了金鱼的品种，在所包括的鲤、鲫和鳅等品种中，"鳅"最难得，而"金鲫"最耐久活。

宋朝的金鱼主要是鱼鳞呈金橙色的鲫鱼，"金鲫"是对金鱼最初的称呼。宋开宝年间（968—976），秀州（今浙江嘉兴）刺史丁延赞，在嘉兴城外一个池中发现金鲫鱼，这个池因而被改为"放生池"，金鲫鱼也被禁止捕捉。杭州与嘉兴距离很近，丁延赞在嘉兴发现了金鲫，苏东坡在不久之后在杭州也见到过金鲫，这说明，自然界野生的金鲫很多，而且还被一些人放进一些水池中，供人们观赏。

北宋 刘寀 落花游鱼图

金鲫发展出的不同品种基本上是在人的控制下实现的。最初，人们发现一些体色金黄的鲫鱼，或许会养一个时期留作观赏，又由于金鲫的数量少，往往会把它 “放生”。而当金鲫放到“放生池”时，它的天敌少了，饵料又比较充足，为它的进一步变异提供了条件。这种金鲫还受到文人雅士和普通百姓的喜爱，许多金鲫被送到达官贵族的小池塘中喂养，养金鲫鱼行业也就应运而生。岳飞之孙岳珂是一位文学家，他认为，金鲫实际上是鲫鱼的一个变种，一些养鱼的人“能变鱼以金色，鲫为上，鲤次之……初白如银，次渐黄，久则金矣……玳瑁鱼，文采尤可观”。可见，这种金鲫是在自然条件下产生的，并且是鲫鱼的后代。由于驯养金鱼能带来更多的收入，而为了排斥竞争者，人们对驯养的方法是相当保密的。

鲫鱼最初只是能发生颜色的变异，而且是较为明显的变异，由灰色变成了金红色。到13世纪出现了白色和花斑两个品种，又过了几十年，盆养金鱼更加普遍，金鱼的活动空间变小，游速缓慢，饲料完全依赖人工投放。金鱼饲养的技术不断提高也使金鱼在生理、发育和形态上都发生了极大变化。特别是，金鱼的形体开始发生明显变化，如狭长的体形变成圆短的蛋形。经过几百年的驯养，金鱼的种类增多，名称上也出现了“五色鱼”“文鱼”“朱砂鱼”等名称，并被统称为“金鱼”之名。大约到了明朝，盆养的金鱼就已很普遍了。

明朝画家文伯仁荷花金鱼图（局部）

与大面积水池养金鱼相比，人们在鱼盆（或鱼缸）中养金鱼更方便，而且可以作为一种室内陈设的手段，所以许多人家都开始饲养金鱼。特别是当某一品种的金鱼流行时，许多人都争相获得，进行买卖。这样，在不同的环境下同一种金鱼发生了不同的变异，形成了越来越多的品种。除了常见的金黄色、白色、花斑的不同颜色之外，到了清朝，人们驯养

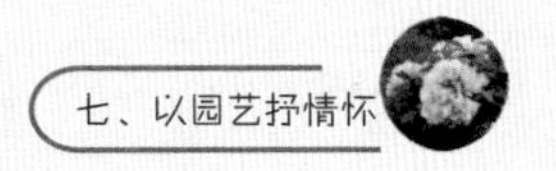

的金鱼已出现了双尾、五花、双臀、长鳍、短身等各色品相。而到晚清，乃至民国时期，人们更加有意识地进行人工选种，介绍金鱼杂交遗传和讲解饲养方法的书也开始大量出现，金鱼的眼睛、头、鳞、鳃、鳍、体形等都发生变异，出现了墨龙睛、狮头、鹅头、望天眼、水泡眼、绒球、翻鳃、蓝珍珠鳞和紫珍珠鳞等优良品种。为了满足更多人的“猎奇”心理，在一些地方出现了专门的养殖场。养鱼的人不仅要严格地控制水的温度、水质、饵料的种类和数量，注意病害的防治；而且还要更加精细地从事选种工作，有意识地改变金鱼的品种，以至于创造出今天能够看到的如此多的金鱼品种。由此可见，从金鲫到金鱼使人们“玩”出了“名堂”，大大满足了人们在观赏上产生的各种需求。金鱼扩散到一些“玩家”之手，许多人都自己动手，从养殖到捞鱼食和饲养的这个过程，都亲自参与，都能亲身体会到其中的乐趣。

清 虚谷的《紫绶金章》（左）和《紫藤金鱼图轴》（右）

金鱼是中国的国宝。今天，中国金鱼的名品主要是杭州金鱼和北京金鱼。杭州地区是金鱼的发源地，而北京地区则大大推动了金鱼的发展。历史上，一些专业养金鱼的“把式”，培育出大量的名品。在北京中山公园之内的唐花坞，就是一处观赏金鱼的最佳去处。它的前檐采用玻璃窗，以便采光。在室内的中央有一喷水池，池中心安放一块“涵水石”。它高 2 米多，产自易县西陵深谷中。在池内蓄养金鱼。这里的金鱼是非常有名的，笔者少时到此观赏金鱼，印象颇深。

不仅中国人喜欢金鱼，外国人也非常喜欢。1502 年，金鱼首先从中国传到日本，算来也有 500 年的历史了。日本人历来对外来事物要进行改良。金鱼由中国传入日本后，经过日本人长期的改良和驯化，出现了许多的品种，具有更为独特的观赏价值。

结语：刀耕火种中的可持续

在农业起源的过程中，除了粟作与稻作的起源，在中国还应存在着第三条独立的农业起源的源流，考古发现，它分布在珠江流域地区，并以种植芋头等块茎类作物为特点的热带地区原始农业起源。今人如此重视这种起源的研究，绝不是与世界别的民族论个高下，比个先后，而是要从那些遗址中看个究竟，在欣赏古人的智慧的同时，也要从古人那里学一些可以借鉴的东西。

结合现有的资源去发展今天的事业（包括农业），其基本要求应该是可持续的。作为一个特定概念，耕种是专指人类为利于作物的生长而采取的各种行为，如砍伐烧荒、平整土地、播撒种子、除草管理等，耕种也为农业的形成和发展提供了充分的条件。以农作的发展为例，黄河中游仰韶文化地区早在公元前5000—前3000年就采用刀耕火种、土地轮作的方式种植粟和黍。云南也在3000多年前就用此法种稻，2000多年前云南原住民仍广泛采用刀耕火种的耕作方式。此后，随着移民在云南实行屯田，滇中和滇西地区的刀耕火种的作业方式逐渐减少了，但边远山区仍有保留这种耕作方式的农民。同时，随着生产工具由石刀、石凿、石斧、木棒进步到铁制刀、锄、犁，种植作物由单一的稻谷演变为稻、粟、豆、杂粮乃至甘蔗、油料等多种作物，耕作方式也随之由刀耕火种、撂荒发展到轮耕、轮作复种和多熟农作制。无疑，这体现着一种进步。此外，生活在海拔1500—2000米的云南山区的景颇人，为了适应自然环境的变化，经历了游牧—狩猎—采集—刀耕火种的变迁，形成景颇族独特的生存方式。他们采用一种无轮作刀耕火种，一块地只种一年就弃耕休闲。或者采用一种是轮作的刀耕火种，即第一年砍伐焚烧、播种、收割，第二年使用锄头先铲草挖地或使用牛犁后播种、除草、收割。这些刀耕火种方式已经形成了一种生态系统，村民们还采用混作和间作的方式种植多种蔬菜。作为一种信念，景颇人相信，死去的景颇人仍要回到祖先居住的地方，仍要采用刀耕火种，因此，死者带着谷种走，并挎着长刀。

人的肉食来源主要依靠狩猎，景颇人每年大规模的狩猎时间主要集中在春季、秋季和烧荒时。春季主要伏击前来已焚烧过的地里吃嫩草的麂子、马鹿和野牛等，秋季主要伏击前来偷吃和践踏庄稼的野猪、野牛、马鹿、熊和猴子等，烧荒时主要伏击喜欢吃火灰和被烧死的虫类的麂子和马鹿。

到云南的外来移民带来的较为先进的劳动方式，逐渐取代了当地的劳动方式。但是，从今天的眼光看，这种“取代”并非要完全否认当地的一直存在且使用的作业方式，如刀耕火种的合理性。这种带有可持续色彩的发展方式，也并未完全失去其应用的价值，对于今天的劳作制度和方法而言，仍有值得今人借鉴的内容。今人应从历史中汲取智慧，以救今人之偏颇。我们的读者不妨仔细读读这些内容，古人遗存下的东西是否有值得今人吸取的东西呢？